Richard von Krafft-Ebing

Über die durch Gehirnerschütterung und Kopfverletzung hervorgerufenen psychischen Krankheiten

Eine klinisch-forensische Studie

Richard von Krafft-Ebing

Über die durch Gehirnerschütterung und Kopfverletzung hervorgerufenen psychischen Krankheiten
Eine klinisch-forensische Studie

ISBN/EAN: 9783743473676

Hergestellt in Europa, USA, Kanada, Australien, Japan

Cover: Foto ©berggeist007 / pixelio.de

Weitere Bücher finden Sie auf **www.hansebooks.com**

Ueber die

durch

Gehirnerschütterung und Kopfverletzung

hervorgerufenen

psychischen Krankheiten.

Eine klinisch - forensische Studie

von

Dr. R. vo Krafft - Ebing,

Arzt an der Gr. Bad. Heil- und Pflegeanstalt Illenau, Mitglied des deutschen Vereins der Irrenärzte, des Vereins badischer Aerzte zur Förderung der Staatsarzneikunde, membre associé étranger de la société médicopsychologique de Paris.

Erlangen,

Verlag von Ferdinand Enke.

1868.

Druck von Junge & Sohn in Erlangen.

Dem theuren Andenken

seines geliebten Grossvaters,

C. J. A. Mittermaier,

weiland Professor der Rechte in Heidelberg.

Der dankbare Enkel.

Inhalt.

A. Einleitung und Literatur.

Zu den interessanteren und für die Gewinnung besserer Einblicke in die Pathogenese der Störungen des Seelenleben's bedeutenden Fällen gehören unstreitig diejenigen, wo ein äusseres Trauma, — eine Erschütterung oder Kopfverletzung —, auf das Centralorgan einwirkte und Irrsein zur Folge hatte. —

Mit Recht erwartet der Irrenarzt von solchen reinen, gleichsam experimentell hervorgerufenen Irreseinszuständen eine bessere Einsicht in die pathologische Anatomie und Pathogenese der geheimnissvollen Gehirnerkrankungen, denen sein Studium gewidmet ist; aber auch dem Gerichtsarzt, der leicht in die Lage kommen kann, sich über die wahrscheinlichen Folgezustände einer Kopfverletzung, oder über den aetiologischen Zusammenhang einer solchen mit einer später aufgetretenen Seelenstörung auszusprechen, muss es erwünscht sein, eine nähere Kenntniss der Bedingungen und Erscheinungen, unter welchen das psychische Organ durch traumatische Einflüsse erkranken kann, zu besitzen. Obwohl dieses Bedürfniss zu allen Zeiten gefühlt und der Wichtigkeit des Gegenstandes in mehrfacher Beziehung Rechnung getragen wurde, sind doch noch manche Punkte des Zweifels und der Ungewissheit vorhanden, die in rein wissenschaftlichem wie therapeutischem und forensischem Interesse

eine erneute Aufnahme der Frage wünschenswerth machen.
Die ältere Literatur über psychische Störungen durch
Kopfverletzungen, deren eine Zusammenstellung S. Schneider *) gegeben hat, ist ziemlich in chirurgischen und medi-
zinischen Schriften zerstreut. So berichten Pitschel (Anatom.
chirurg. Bemerkungen, Dresden 1784), Eisenbard (Erzählungen von besonderen Rechtshändeln Th. IV, p. 144);
Willis (Baldinger's neues Magazin X, p. 107); Meckel
(Mémoires de l'académie de Berlin 1764 p. 65); Krügel-
stein (Promptuar p. 115); Bigot (Journal de médec de Bru-
xelles 1844. sept). Fälle von Melancholie und Manie: Verlust des Gedächtnisses und der höheren intellectuellen Functionen beobachteten Richter (chirurg. Biblioth. IX p. 385),
Mayer (anatom. physiol. Abhdl. vom Gehirn 1799 p. 39—43;
Koempfen (Mémoires de l'académie royale de méd. 1835
t. IV, p. 489); Brümmer (Casp. Wochenschrift. 1846 No. 12.);
u. A. —

Fälle von Blödsinn und Stupidität nach Kopfverletzungen
theilten Hufeland (Biblioth. Bd. V. p. 63); Acrel (Richter,
chirurg. Bibl. Bd. IV. p. 463.); Rees (Ehrhardt, med. chir.
Ztg. Bd. 37. p. 366) mit.

Weitere Beiträge s. Borelli, Cent. I. obs. 73. Arnold,
übers. v. Ackermann 1788 p. 113. Fabricius Hildanus
Cent. III. obs. 21.

Henke, Lehrb. der ger. Med. 1832. §. 373. —

Guislain, Phrenopathieen, übers. von Wunderlich 1838
p. 209.

Vering, pysch. Heilkunde. Thl. II Bd. 2, p. 227.

Salwyn. the lancet 1837—38; vol. II: p. 16.

Lush ibid. 1840; vol. I. No. 33.

J. G. Hoffbauer: Ueber die Kopfverletzungen etc. Berlin
1842 gr. 8. §. 48.

---

*) S. Schneider, die Kopfverletzungen in medizinisch gerichtlicher
Hinsicht. Stuttgart. 1848.

Gamé: Traité des plaies de tète et de l'encéphalite 2. éd.
Paris 1835. p. 249.

Bruns specielle Chirurg. I. p. 968. (Symptome der chron.
traumat. encephalitis.)

Hoffmann: Beobacht. über Seelenstörung und Epilepsie
1859 p. 101.

Zeller, allg. Ztschr. für Psych. I, p. 49.

Flemming, ibid. Bd. IX p. 380. —

Esquirol, des maladias mentales. t. I, p. 68.

Annal. méd.-psychol. t. VII. p. 313.

Bericht der Wiener Irrenanstalt 1858, p. 47.

Ellis, on insanity 1838 p. 47 u. ff.

Prichard, treatise on insanity, p. 212.

Müller, Annal. der St. Akde. X p. 37.

Henke's Zeitschr. 1855. 3. (Schmidt's Jahrb. Bd. 91.
p. 241.)

Parchappe, Traité de la folie 1841. Beob. 319.

Schmidt Jahrb. Bd. 94 p. 91.

Mediz. Jahrb. für das Herzogthum Nassau 1848. B. 7 u. 8.
p. 433.

Flemming, Pathol. und Therapie der Psychosen. 1859
p. 108.

Chapin Americ. med. Times, N. S. V. 1862. 5. aug.

Morel, (Traitè des maladies mentales p. 143.)

Griesinger, Lehrbuch 2. Aufl; p. 181.

Santlus, über die psych. Folgen der Kopfverletzungen etc.
Neuwied 1865.

Die erste bedeutende Arbeit über Jrresein nach Kopfverletzungen veröffentlichte L. Schlager (Ztschr. der Gesell-
schaft der Wiener Aerzte VIII p. 454), und erwarb sich
damit das grosse Verdienst, in sorgfältiger statistischer Bearbeitung die klinischen Erscheinungen, welche den Zusammenhang zwischen einem Gehirntrauma und einer später
aufgetretenen Psychose vermitteln, kennen gelehrt zu haben.
Ebenso stellte er die Zeitdauer, die zwischen Trauma und

Psychose liegen kann, fest und gab prognostische und pathologisch — anatomische Anhaltspuncte. —

Die letzte Arbeit über Psychosen aus Kopfverletzung verdanken wir Skae in Edinburg (on insanity caused by injuries to the head and by sunstroke; Edinb med. Journ. 1866, Februar.), in der er, leider ohne Kenntniss von den deutschen Arbeiten zu haben, zur Ueberzeugung kommt, dass das Irresein aus Sonnenstich und Kopfverletzungen viel Uebereinstimmendes hat, und sich als eine besondere Irreseinsspecies —, a natural class or group —, bezeichnen und unter dem Namen „traumatisches Irresein" zusammenfassen lasse, wozu ihn, nach seiner Annahme, Symptome, Verlauf und Endigung des Leidens berechtigten.

Die wesentlichen Ergebnisse der, leider nur auf unvollständige Krankheitsgeschichten sich stüzenden Arbeit S's in der er hauptsächlich die Form des aus Kopfverletzungen folgenden Irresein's festzustellen bemüht war, sind folgende:

1) Das traumatische Irresein beginnt in der Regel mit maniakalischer Erregung von verschiedener Dauer und Intensität.

2) Derselben folgt ein chronischer Zustand, in welchem der Kranke reizbar, gefährlich, argwöhnisch ist, und oft Antriebe zum Mord hat.

3) Die hauptsächlichsten Wahnideen sind die des Stolzes, der Selbstüberschätzung und des Argwohns. Melancholie ist sehr selten.

4) Selten ist Genesung, meist erfolgt Dementia und der Tod durch ein Gehirnleiden.

Die Prüfung dieser Behauptungen S.'s machte nicht nur in klinischer Hinsicht, sondern auch wegen ihrer forensischen Tragweite eine erneute Untersuchung des Gegenstandes wünschenswerth, aber auch die sorgfältige Sichtung des vorhandenen Material's nothwendig. Leider zeigte eine genauere Durchsicht der bisher veröffentlichten Krankengeschichten, dass sie vielfach ungenau und nur für Entschei-

dung gewisser Fragen brauchbar waren, und nur eine neue
sorgfältige Casuistik Licht verbreiten konnte. — Man hatte
offenbar den Einfluss früher erlittener Kopfverletzungen über-
schätzt, und war zu geneigt überall da einen aetiologischen
Zusammenhang anzunehmen, wo die Anamnese irgend je
eine stattgefundene Kopfverletzung ergab. Es giebt allerdings Fälle genug, wo die schädliche Wirkung des Trauma
sehr lange fortwirkt und endlich Geistesstörung hervorbringt,
oder wenigstens eine Praedisposition erzeugt, die noch nach
einem sehr langen Zeitraum durch irgend ein occasionelles
Moment eine Psychose entstehen lässt. Aber schon die
verhältnissmässig geringe Zahl der Fälle von Irresein aus
Kopfverletzungen gegenüber der Häufigkeit, mit welcher
traumatische Einflüsse den Schädel treffen, muss zur Vorsicht auffordern, und eine sorgfältige Kritik in dieser Rich
tung anstellen lassen. *) Von dieser Ansicht geleitet, haben
wir in der folgenden Darstellung, die die Eigenthümlichkeit
der aus Kopfverletzungen hervorgehenden Seelenstörungen
mit besonderer Berücksichtigung, ob sie eine specifische
nosologische Form bilden, zum Vorwurf hatte, alle diejenigen Fälle ausgeschlossen, in denen der Zusammenhang
zwischen Ursache und Folge kein deutlicher, oder das ur-
sächliche Element ein gemischtes war. Nur dadurch schien
es möglich zu einem Resultat zu kommen, wenn auch
freilich das Material dadurch auf eine kleinere Beobachtungsreihe reduzirt wurde. —

Ueberblickt man die so möglichst sorgfältig gewonnene

---

*) Unter den uns zu Gebot gestandenen 61 Krankengeschichten
befand sich Eine, in welcher u n m i t t e l b a r nach einem Sturz
auf den Kopf von einem Heuboden herab M e l a n c h o l i a
r e l i g i o s a gefolgt sein sollte. Dies war so unwahrschein-
lich, dass eine sorgfältige Anamnese geboten schien, die
endlich ergab, dass Patient, schon längere Zeit schwermüthig,
sich durch den Sturz zu tödten versucht hatte, somit schon
vorher gestört war und gar nicht zur Gruppe der traumatischen Psychosen gehörte. —

Beobachtungsreihe, so ergeben sich 3, wesentlich von einander symptomatologisch und chronologisch geschiedene Gruppen von Fällen psychischer Erkrankung nach Kopfverletzung, deren Sonderung sich in fast allen Fällen unserer Beobachtung durchführen lässt:

1) Fälle, wo die Seelenstörung die alleinige, directe, meist unmittelbare Folge der Kopfverletzung ist.

2) Fälle, wo auf eine Kopfverletzung nicht sofort die Seelenstörung folgt, sondern ein Stadium prodromorum mit vorwaltenden Erscheinungen gestörter Function der Sensibilität und Sinnesthätigkeit den Zusammenhang vermittelt, während das psychische Leben gar nicht verändert ist, oder nur Aenderungen der Stimmung, der Neigungen, des Character's darbietet. —

3) Eälle, wo eine Gehirnerschütterung nur eine Praedisposition zu psychischer Erkrankung hinterlässt, auf der sich (zuweilen erst nach sehr langer Zeit) durch das Hinzukommen occasioneller Momente eine Psychose entwickelt.

Machen schon der grosse Unterschied im zeitlichen Auftreten der Erscheinungen und practische Zwecke, die daraus hervorgehen, es räthlich, diese 3 Gruppen auseinander zu halten, so berechtigt auch eben dieser Umstand, der verschiedene Verlauf der Krankheitserscheinungen und gewisse Verschiedenheiten im Krankheitsbild zur Vermuthung, dass die Pathogenese und die pathologisch-anatomischen Veränderungen sich in allen 3 Fällen verschieden gestalten. Auf diese, auch durch die Erfahrung bestätigte Annahme gestützt, glauben wir uns befugt, der Krankheitsbeschreibung die sich natürlich hieraus ergebende Eintheilung zu Grund zu legen, ohne den Erscheinungen Zwang anzuthun, befürchten zu müssen. —

Die erste Gruppe von Fällen hat bisher nur wenig Aufmerksamkeit erfahren; die zweite hat Schlager vorzüglich im Auge gehabt und mit dankenswerther Gründlichkeit behandelt. Die dritte ist meist mit den beiden andern bisher zusammengeworfen worden, wodurch der genaueren Kenntniss der Seelenstörungen aus Gehirnverletzung Eintrag geschehen ist. Wir werden im Folgenden die bemerkenswertheren Fälle von Irresein aus Kopfverletzungen, die in der Anstalt Illenau seit ihrem Bestehen vorgekommen sind, dem Leser vorführen, und sind, durch die gefälligen Mittheilungen des Directors der Gr. bad. Heil- und Pfleganstalt Pforzheim, Herrn Geb. Hofrath Dr. Fischer, in der angenehmen Lage, auch über den Verlauf und Ausgang der Mehrzahl der dorthin versetzten Fälle berichten zu können. Den höchst interessanten Fall Nr. 6 von Dementia paralytica nach Kopfverletzung verdanken wir der Güte der Herren Dr. Dr. Dick und Löchner in der rheinbayerischen Anstalt Klingenmünster, die denselben mit schätzbarem Sectionsberichte freundlichst zur Verfügung stellten.

Die Betrachtung der Fälle, wo die Kopfverletzung zunächst zur Epilepsie führt, und, im Verlauf dieser sich (epileptisches) Irresein entwickelt, glaubten wir von der folgenden Betrachtung, als nicht ganz dahin gehörig, ausschliessen zu müssen. Die Bearbeitung der Fälle von Epilepsie aus Kopfverletzung verdiente übrigens eine eingehende Betrachtung. Aus den zahlreichen Fällen, die uns über diesen Gegenstand vorliegen, ergibt sich, dass fast ausnahmslos den epileptischen Zufällen bald maniakalische Paroxysmen folgen, und ein fortschreitender intellectueller Zerfall bis zu den äussersten Gränzen des apathischen Blödsinns frühzeitig eintritt. Auch der interessanten Fälle von Irrsein nach Kopfverletzung, die Zeller (Allg. Zeitschr. f. Psych. Bd. I p. 49) erwähnt, glaubten wir nur der Vollständigkeit wegen gedenken zu sollen, da es zweifelhaft ist, ob sie nicht eher als auf reflectorischem Wege entstandene Psychosen denn als directe Folgen der Gehirnerschütterung aufzufassen sind, und die erstere Annahme allerdings am meisten Wahrscheinlichkeit für sich hat.

B. Klinischer Theil.

I. Casuistik und Krankheitsbeschreibung.

a) Fälle, in welchen die Psychose die alleinige und sofortige Folge
einer erlittenen Gehirnerschütterung oder Kopfverletzung ist *).

Beobachtung 1.

H. M., 56 Jahr alt, Kupferschmid, katholisch, verheirathet, stürzte am 21. September 1861 bei der Arbeit etwa
12′ hoch rücklings auf den Kopf herab. Er hatte früher
das Bild völliger körperlicher und geistiger Gesundheit dar-
boten und stand unter keiner nachweisbaren erblichen
Disposition zu Psychosen. Unmittelbar nach dem Sturz war
er vollkommen bewusstlos, und blieb so 12 Tage lang.
An den 2 ersten Tagen floss ihm Blut aus dem rechten
Ohr; dann folgte etwa 3 Wochen lang dicker, gelber, ge-
ruchloser Eiter, worauf die Secretion aufhörte. Das
Schlingen war erschwert, der Gang schwankend und tau-.

---

*) Weitere in der Literatur verzeichnete und zur 1. Gruppe ge-
hörige Krankengeschichten finden sich:
Bericht über die Irrenanstalt Wien 1855, p. 48;
Mediz. Jahrb. des Herzogth. Nassau 1848 Hft. 7 u. 8, p. 433;
Ellis, on insanity 1838 p. 47;
Skae, Edinburg, med. Journ. 1866 Febr. Beob. 1 und 2.

melnd, die Rede fast ganz unverständlich; die Sphinkteren
waren nicht gelähmt.

In der 3. Woche nach dem Sturz wurde er besinnlicher,
erinnerte sich dunkel an den Vorfall, zeigte aber grosse Gedächtnissschwäche und eine reizbare, zum Zorn geneigte
Stimmung. Eine grosse Unsicherheit der Bewegungen war
vorhanden, und häufig verfehlte er das Ziel, wenn er nach
Etwas greifen wollte. Ebenso war der Gang taumelnd,
schwankend, die Sprache behindert und undeutlich. Die
Nächte waren schlaflos und der Kranke klagte häufig über
Schmerzen in der Stirngegend. Bei fortschreitender Gedächtnissschwäche und abnehmender psychischer Leistungsfähigkeit, trat eine geschäftige Unruhe und Verwirrung ein.
Er ging auf seinen Feldern und im Hause umher, fing alles
Mögliche an zu arbeiten, respective in Unordnung zu bringen
und zu verderben. Dazu gesellten sich Spuren von Grössenwahn, die Idee, einen bedeutenden Ochsenhandel zu haben, wesshalb er immer zu entweichen und auf Märkte zu
Viehankäufen zu gelangen suchte. Da er sich zu Hause
wegen seiner Unruhe und kindischen Geschäftigkeit unmöglich machte, fand seine Aufnahme in der Irrenanstalt statt,
welche am 24. October erfolgte.

Er bot die Zeichen vorgeschrittenen Blödsinns mit mässiger Unruhe. Die allgemeinsten Categorieen des Raums,
der Zeit, der Zahl waren ihm abhanden gekommen. Er
schrieb das Jahr 1807, lebte in einem Bade, im Monat Juni,
wusste nicht die Namen seiner Bekannten, hatte 30 oder
40 Jahreszeiten. Dabei grosse Gedächtnissschwäche und
ein deutlicher Grössenwahn. Er überschätzte sein Vermögen
um mehrere Tausend, glaubte sich im Besitze vieler Och-
sen und Ländereien, schloss mit dem Nächsten Besten Ver-
kaufsverträge über Gegenstände, die er gar nicht besass.

An den Sturz erinnerte er sich nicht deutlich, und fa-
belte von einem Fall in der Scheuer, den er im 17. Lebensjahr erlitten haben und dadurch viel von seinen Geistes-
kräften eingebüsst haben wollte. Dabei Hämmern und· Klo-

pfen in der Stirn, Brausen in den Ohren, Funken vor den Augen, Schmerz und Zittern in allen Gliedern, von denen aber viel imaginär war. In derselben Weise übertrieben waren seine Klagen über allgemeine Körperschwäche und Unsicherheit seiner Bewegungen. Er zitterte mit den Händen, ging strauchelnd, bewegte sich aber sicher und fest, sobald man ihn in Eifer brachte. Ausser einiger Ungleichheit der Innervation der Gesichtshälften waren keine motorischen Störungen mehr nachzuweisen; über etwaige sensible Störungen liess seine Beschränktheit kein Urtheil zu. Mit Ausnahme von etwas Lungenemphysem fanden sich keine Erkrankungen und Functionsstörungen vegetativer Organe. Die Behandlung beschränkte sich auf laue Bäder. — In den ersten Wochen war er ziemlich unruhig; klagte, jammerte und wiederholte immer dieselben Geschichten. Einige Male kamen nächtliche Angstzufälle mit Gehörs- und Gesichtshallucinationen vor. Allmählig aber wurde er ruhig; die Klagen verschwanden, er begann leichte häusliche Arbeiten zu verrichten und konnte wesentlich gebessert, aber bleibend schwachsinnig am 2. Dezember nach Hause entlassen werden. — Die bis Ende 1862 über ihn eingelaufenen Nachrichten berichten, dass er zwar schwachsinnig, aber ruhig und fleissig sich zu Hause verhielt. Hie und da trat noch die Idee Ochsenhändler zu sein, mit einer vorübergehenden, geschäftigen Unruhe ein.

Beobachtung 2.

O. D. von G., 39 Jahr alt, Taglöhner, ledig, wurde der Anstalt am 22. Dezember 1860 übergeben. Bei früher völliger geistiger und körperlicher Gesundheit, und fehlender irgendwelcher Prädisposition zu Seelenstörung, erlitt er 2 Jahre vor der Aufnahme einen Sturz von einer 6' hohen Kellertreppe, und schlug dabei den Kopf oberhalb des rechten Ohrs dergestalt auf, dass er einige Augenblicke besinnungslos dalag. Sugillation und Geschwulst waren die einzigen wahrnehmbaren Verletzungen und der Betroffene er-

holte sich rasch von seinem Unfall. Schon nach kurzer
Zeit bemerkte man an ihm aber fortschreitende Gedächtnissschwäche, die seinen Dienstherrn nöthigte, ihn zu entlassen. Von dieser Zeit an klagte er auch häufig über
heftigen Schwindel und Kopfweh. Er begab sich zu seinem
Schwager, bei dem er bis zur Aufnahme in die Anstalt
blieb, aber durch zunehmende Geistesschwäche zur Besorgung der Geschäfte unfähig wurde.

Besonders war es der Ortssinn, der ihm allmählig ganz
abhanden kam, so dass er sich beständig verirrte, in andere
Häuser und Ställe lief, und schliesslich Mein und Dein nicht
mehr zu unterscheiden vermochte.

Bald gesellten sich auch motorische Störungen hinzu;
er fing an zu schwanken, bekam den Gang eines Betrun-
kenen und fiel häufig zu Boden. Zunehmender Blödsinn,
Sammeltrieb, Gefrässigkeit. Als der Kranke der Anstalt
übergeben wurde, beobachtete man an ihm das Bild einer
vorgeschrittenen blödsinnigen Schwäche mit motorischen
Störungen.

Das Bewusstsein war sehr getrübt; Zeit, Ort, Zahl waren ihm abhanden gekommen. Die Stimmung eine heitere,
still zufriedene oder indifferente. Die einfachsten Thatsachen waren ihm unverständlich. Seine Rede beschränkte
sich auf ein gedankenloses „Ja." In der Befriedigung seiner Bedürfnisse fand keine Wahl statt, und es lag ihm mehr
an der quantitativen als qualitativen Beschaffenheit seiner
Nahrungsmittel.

Der Gang war höchst unsicher, taumelnd. Die Zunge
zitterte beim Vorstrecken; die Sprache war stammelnd; einzelne Worte kaum mehr verständlich. Die Gesichtsmuskeln
zitterten beim Sprechen; die Pupillen waren ungleich. In
der Zeit des Aufenthalts in der Anstalt verhielt sich D.
ruhig, reinlich; nur vorübergehend wurde an ihm eine blödsinnige Geschäftigkeit, Unstetigkeit und nächtliche Unruhe
bemerkt. Der Sammeltrieb bestand in ausgesprochener
Weise fort. Die psychischen Erscheinungen hatten bei

der Versetzung in die Pflegeanstalt am 24. August 1861
keine Veränderung erfahren.

Im weiteren Verlauf wurde der Kranke völlig apathisch
blödsinnig, konnte anfangs nur noch nothdürftig gehen und
schliesslich sich nicht mehr aufrecht halten. Die Sprache,
eine Zeit lang noch lallend, war schliesslich ganz erloschen,
und am 7. Januar 1862 trat unter fortschreitendem Marasmus und Decubitus der Tod ein. Leider wurde die Leiche
unsecirt dem anatomischen Institut überliefert. —

Beobachtung 3.

J. F. W. von H., 51 Jahr alt, ohne erbliche Anlage
zu Irresein, früher geistig und körperlich ganz gesund,
wurde im November 1856, als er ein Stück Holz unter einen
Wagen schieben wollte, zu Boden geschleudert. Er erhob
sich sofort unverletzt und ging nach Hause, klagte aber
über ein Gefühl von Betäubung und wurde am folgenden
Tage bewusstlos. 9 Tage lag er in ganz bewusstlosem Zustande da, erholte sich jedoch unter beständiger Anwendung
von kalten Umschlägen wieder. Er klagte über heftiges
Sausen im Kopf; sein Gedächtniss hatte sehr gelitten und
nahm in der Folge immer noch mehr ab, so dass er sein
Handwerk als Wagner aufgeben musste. Es stellte sich
profuse Salivation (bis zu 24 ℥ täglich) ein, die geistige
Abstumpfung und Gedächtnissschwäche machten rasche Fortschritte. Im November 1857 trat eine ängstliche Unruhe
mit vagen Ideen, verloren zu sein, keine Gnade mehr zu
finden, auf, während deren Dauer die Salivation sich bedeutend minderte. Anfangs Januar 1858 legte sich die Erregung, während die Salivation wieder die frühere Höhe erreichte; Patient wurde wieder still, ruhig, apathisch, klagte
häufig über Schwäche im Denken, Schmerzen und Brausen
im Kopf, und wurde am 5. Februar 1858 zu einem Heilver-
such in die Anstalt aufgenommen. W. trat im Zustand vorgeschrittenen Blödsinns in diese ein. Die genaue Untersuchung des Kopfs bot keine Zeichen einer dagewesenen Ver-

letzung. Die Salivation bestand unverändert fort; häufig
Klagen über Brausen im Kopf, Schwäche der Glieder und
des Gesichts. Motorische Störungen fanden sich keine; die
Pupillen waren gleich. Von Zeit zu Zeit traten noch Zustände ängstlicher Erregung auf, die aber bald sich verloren und allmählig einem ganz stationären, apathischen
Blödsinn mit fast völliger Aufhebung des Bewusstseins Platz
machten. Der Kranke sprach nur noch wenig und ganz
verworren, appercipirte kaum noch, nahm auch körperlich
unter den Erscheinungen einer immer weniger compensirten
Insufficienz der Mitralis ab, und wurde der Pfleganstalt zu
fernerer Behandlung übergeben. —

Beobachtung 4.

C. B. von F., Bierbrauer, katholisch, geb. 1830, verheirathet, ohne erbliche Disposition zu Seelenstörung, aber etwas
beschränkten Geistes, von reizbarem, sanguinischem Tempe-
rament, früher geistig und körperlich ganz gesund, fiel in
der Nacht vom 4/5. August 1861 in angetrunkenem Zustande
eine hohe und steile Treppe hinunter. Der sofort hinzu ge-
rufene Arzt fand ihn bewusstlos, in tiefem Sopor; aus dem
linken Ohr floss eine bedeutende Menge von Blut aus, das
erst am folgenden Morgen gestillt wurde. Durchaus keine
äussere Verletzung des Schädels oder seiner häutigen Ge-
bilde war erkennbar. Gleich nach dem Sturz trat 2 Mal
Erbrechen ein, das aber in der Folge nicht mehr wiederkehrte. Die Behandlung bestand in anhaltenden Eisfomen-
tationen; wiederholt wurden Blutegel gesetzt, und innerlich
Natr. nitr. und Calomel gereicht. Bis zum 8. Tage bestand
tiefer Sopor, mit vollständiger Resolution der Glieder, wei-
ten Pupillen. Entzündliche Erscheinungen traten nicht ein,
dagegen in der Nacht vom 11/12, vielleicht in Folge einer
erneuten intracraniellen Hämorrhagie, epileptiforme, allgemeine
Convulsionen, die jeweils $\frac{1}{4}$ bis $\frac{1}{2}$ Stunde andauerten, und,
je nach 7 Stunden, 4 Mal wiederkehrten. Den Zuckungen
gingen regelmässig als Prodrome ein plötzliches Starrwer-

den des Blicks und eine gewisse Unruhe vorher. Am 8.
Tag nach den Convulsionen, während welcher Zeit bei anhaltend antiphlogistischer Behandlung der Sopor unverändert geblieben und der Kranke körperlich sehr herabge-
kommen war, stellten sich die ersten Spuren von wieder-
kehrendem Bewusstsein ein, der Kranke fing an zu lallen,
blieb aber gelähmt. Er gab jetzt auf jede Frage kurze
aber verkehrte Antworten, verrieth fortwährend die grösste
Geistesschwäche, fehlende oder ganz verkehrte Appercep-
tion, grosse Verwirrung und ein ganz stupides, gleichgülti-
ges Wesen. Ziemlich rasch schwand die Lähmung, kehrten
die sämmtlichen vegetativen Functionen zur Norm zurück,
psychischerseits machte sich aber immer mehr ein blödsin-
niges Wesen mit zweckloser Unruhe, grosser Reizbarkeit
und gänzlichem Verkennen der Personen, fehlendem Bewusstsein von Zeit und Raum bemerklich. Die Behandlung
bestand in fortgesetzter mässiger Antiphlogose und einem
Arnica-Infus. Da dieser Zustand blödsinnigen, stupiden,
störrischen Wesens unverändert fortdauerte, erfolgte seine
Aufnahme in die Anstalt am 30. Augnst.

Die Aufhebung und Beschränkung der psychischen Lei-
stungen war bei der Aufnahme auf das Niveau der Leistungsfähigkeit eines 1jährigen Kindes gesunken; von Gedächtniss kaum eine Spur; Zeit, Raum, Zahlen existirten
nicht für den Kranken. So erkannte er nicht einmal seinen
eigenen Vater, wusste nicht wo er sich befand, und fand
sich selbst in der einfachsten Localität nicht zurecht. Die
ersten Tage war er blind fortdrängend und aufgeregt, be-
mühte sich unstät herumdämmernd einen Ausgang zu finden, schlug an alle Thüren, warf die Personen über den
Haufen und war selbst gewaltthätig. Alle Vorgänge um
ihn herum liessen ihn unberührt.

Der kräftige, wohlgebaute Kranke hatte gehaltlose,
flache Züge mit vorwaltendem Ausdrucke ängstlicher Be-
fangenheit. Die linke Gesichtshälfte war schwächer inner-

virt, die betreffende Nasolabialfalte verstrichen; das linke
obere Augenlid hing etwas herab, der linke Bulbus nach
einwärts gestellt, beide Pupillen, besonders die linke erweitert. Gaumensegel und Zäpfchen hatten ihre normale Stellung. Das linke Bein wurde etwas nachgeschleift, der Gang
war breitspurig, Stehen auf dem linken Bein unmöglich.
Der linke Arm schwächer beim Händedruck als der rechte
und die Hand zitternd bei feinen Bewegungen. Eine
Prüfung des Tastgefühls ergab bei dem schwergestörten
Sensorium kein Resultat. Das linke Trommelfell fand sich
zerrissen; von Zeit zu Zeit lief aus dem linken Ohr eine
serös eiterige Flüssigkeit. Der Kranke bohrte öfters mit
dem Finger in diesem Ohr, klagte über Sausen darin und
war schwerhörig auf demselben. Ausser periodischen Schmerzen im Hinterhaupt, die sich oft nach der Schläfengegend
hinzogen, Schmerzen entlang dem linken Unterkiefer, zeitweisem Vergehen des Gesichts auf dem linken Auge keine
subjectiven Klagen. Die Prüfung mit dem Augenspiegel
liess keine erheblichen Veränderungen auf der linken Retina
erkennen. Die übrigen Sinne functionirten gut, die Verrichtungen
der vegetativen Organe regelmässig, der Puls etwas selten
und unregelmässig. Nach der Anamnese war die Annahme
einer Schädelfissur mit Bluterguss in den Schädelgrund
kaum zweifelhaft. Nach den pathologisch-physiologischen
Erscheinungen war wohl der Sitz der Erscheinungen in der
hinteren Hälfte der linken mittleren Schädelgrube zu suchen.
Ausser Isolirung und Bädern fanden keine therapeutischen
Eingriffe statt. Unter dieser Behandlung nahm allmählig
der Blödsinn ab, Gedächtniss, Sinnesthätigkeit u. s. w. stellten sich der Reihe nach wieder ein; doch konnte er sich
an den Fall und die nächstfolgenden Ereignisse seines
Krankheitsverlaufs nicht erinnern.

Bis zum 25. Februar war der psychische Wiederaufbau
so weit gediehen, dass der Kranke nach Hause zurückkeh-
ren konnte. Die bis zum Jahr 1867 beim Bezirksarzt eingezogenen Nachrichten ergaben, dass B. schwachsinnig ge-

blieben, reizbar ist und durch die geringsten Excesse im Trinken sehr aufgeregt und selbst drohend wird.

Beobachtung 5.

S. K. von O., 26 Jahr alt, Zimmermann, stürzte am 10. Oct. 1865, Mittags 2 Uhr, beim Einbruch eines Gerüstes, auf dem er sich befand, von erheblicher Höhe herab und wurde in tiefem Coma unter dem zusammengebrochenen Gebälke hervorgezogen und ins Krankenhaus zu Mannheim gebracht. Bei der Aufnahme fand sich keine Spur einer äusseren Verletzung; die Pupillen waren gleich weit und reagirten schwach; die Glieder wurden frei bewegt. Erbrechen trat nicht ein. Der Puls hatte 58 Schläge, ging bald auf 54, 50 und im Verlauf auf 46 und 44 herab. Bis zum 11. Tag befand sich der Kranke in tiefem Coma; Reizerscheinungen traten keine ein; die Behandlung bestand in wiederholter Application von Blutegeln hinter den Ohren, beständiger Anwendung von Eisblasen auf den Kopf und grösseren Dosen von Calomel. Am 11. Tage begann der Kranke aus seinem tiefen Coma wieder zu erwachen und zu appercipiren; doch fiel er meist nach einer Viertelstunde wieder in einen stumpfen, schwerbesinnlichen Zustand zurück. Die Erinnerung an das Vorgefallene fehlte beim Erwachen aus dem comatösen Zustand gänzlich, und stellte sich in der Folge auch nur fragmentarisch und unterstützt durch die Erzählungen Fremder über das Geschehene, her; ebenso fehlte die Sprache, d. h. das Gedächtniss der Worte, so dass die Antworten des Kranken sich auf „Ja“ und „Nein“ beschränkten. Das Wortgedächtniss und damit die Sprache stellte sich im Verlauf einiger Wochen wieder her; aber noch einige Zeit zeigte er eine solche Gedächtnissschwäche, dass er schon in der nächsten Minute nicht mehr wusste, was er gethan und erfahren hatte. Die geistige Schwäche war demgemäss eine sehr grosse. Personen wurden oft verwechselt; die Gemüthsstimmung war eine indifferente oder heitere. Unter Gebrauch von Kopfdouchen und Jodkali besserte sich die Gedächtniss- und Geistesschwäche so weit, dass K. nach etwa 3 Monaten nach Hause entlassen werden konnte. Zu Hause beschäftigte sich K. mit leichten, häuslichen Arbeiten. Seine Erinnerungen an seinen Aufenthalt im Spital waren confus; er verwechselte Erlebnisse aus früherer Zeit mit späteren, soll hie und da verkehrt gesprochen und sich häufig über ein grabendes Gefühl im Kopf beklagt haben. Der Puls war 56; die vegetativen Functionen, die Motilität u. s. w. zeigten keine Störungen. Schon bald nach der Heimkehr trat grosse Reizbarkeit auf. Der Kranke konnte nicht den geringsten Widerspruch ertragen, wurde gewaltthätig, selbst gegen Kinder, wenn sie ihn neckten. Bald stellten sich auch spontan Zustände von Aengstlichkeit, Aufregung, grosser Heftigkeit ein, in denen er auf seine Mutter oder andere Verwandte mit gefährlichen Werkzeugen losging, so dass seine Aufnahme in die Irrenanstalt nöthig wurde. Diese erfolgte am 24. März 1866. Hereditäre Momente für Psychosen konnten ausgeschlossen werden. Der Kranke hatte bis zu seiner Verletzung keine körperlichen oder psychischen Anomalien dargeboten und war keinen Excessen ergeben gewesen. Am gutgebauten Schädel ergab sich keine Spur einer dagewesenen Verletzung, eben so wenig Störungen vegetativer Organe. Die motorischen Functionen waren intakt bis auf ein leichtes Zittern der Hände. Auf der Scheitelhöhe etwas grössere Empfindlichkeit, im Umfang eines 2 Thalerstücks; sonst keine Anomalien der Sensibilität. Der Körper kräftig gebaut und gut genährt; der Puls 56—64. Der Blick hatte einen eigenthümlich gläsernen Ausdruck; grosse Gedächtnissschwäche war unverkennbar bei der Ankunft. Er wusste nicht einmal sein Alter richtig anzugeben; nicht, ob seine Effekten sich in Mannheim oder Mainz befänden, und zeigte überhaupt grosse Unsicherheit in der Angabe selbst einfacher Lebensverhältnisse. Eben so erzählte er im Verlauf der ersten Unterredung dieselbe Thatsache oft mehrere Male. Ein Schuh hatte, wie er glaubte, 20″; 1″ hatte 20‴. Sein Gedankengang war ein sehr beschränkter, die Associationen oft wenig vermittelt. Ein leises Krankheitsbewusstsein war da; er klagte über Kopfweh auf der Scheitelhöhe und ein zeitweises grabendes Gefühl im Kopf, mit dessen Auftreten er jeweils an Schlaflosigkeit leide und in's Denken und Planmachen hineinkomme. Ohrenbrausen und Klingeln stellte er in Abrede; die Prüfung der Sinnesfunktionen ergab keine Abnormitäten. Im Anfang fügte sich der Kranke ordentlich ins Anstaltsleben, und die abnormen Sensationen im Kopf verloren sich fast gänzlich. Weitere somatische Krankheitserscheinungen kamen nicht zur Beobachtung. Er half in der Besorgung leichter häuslicher Geschäfte mit und verhielt sich ruhig. Von Zeit zu Zeit zeigte sich grössere Reizbarkeit, trotziges, barsches Wesen, blinder Drang fortzukommen, „zu schaffen und seine Uhr wieder zu haben", — wie er sagte. Allmählig ward immer mehr ein Zustand von Blödsinn mittleren Grads stationär, während die krankhafte Reizbarkeit bedeutend abnahm und alle Anomalien der sensiblen Sphäre sich gänzlich verloren. Die einzigen Bedürfnisse des Kranken, der ein williger Arbeiter geworden ist, sind Tabak und Bier, deren Befriedigung ihn glücklich macht. Noch dann und wann regt sich, in übrigens affectloser Weise, der Drang wieder hinauszukommen. —

Die vorstehenden 5 Krankengeschichten repräsentiren unsre erste Gruppe der traumatischen Psychosen. Sie lassen sich, gegenüber den Fällen der zweiten Gruppe, als primäres traumatisches Irresein bezeichnen, indem dieses unmittelbar aus dem durch die Erscheinungen der commotio oder compressio cerebri gebildeten Krankheitsbild hervorgeht. Die pathologisch-anatomischen Bedingungen in diesen Fällen müssen somit direct durch das Trauma gegeben sein, und dürften in

molekulären durch die Erschütterung gesetzten Veränderungen des Gehirns, wodurch dessen Vitalität schwer beein-
trächtigt wurde, oder in durch das Trauma verursachten
Blutextravasaten, Fracturen der Glastafel, die eine acute
Meningitis oder Encephalitis setzten, begründet sein. Der
endliche Ausgang all dieser pathologisch-anatomischen Processe wäre in einer Atrophie des Gehirns zu suchen. Leider geben die vorstehenden Krankengeschichten keine
direkte Bestätigung dieser Annahme, welche übrigens in der
klinischen Betrachtung und im Verlauf der Krankheit eine
Stütze findet. Ausnahmslos findet sich in den Fällen der
ersten Gruppe das Bild eines primären Blödsinns mit grosser Bewusstseinsstörung, Reizbarkeit und hochgradiger Re-
duction der psychischen Funktionen, der bis zu einem gewissen Grad zurückgehen kann, oder bis zu den äussersten
Grenzen des apathischen Blödsinns vorschreitet. Im ersten
Fall dürfen wir annehmen, dass der Druck aufs Gehirn,
welcher mit den Blutextravasaten und den Produkten me-
ningitischer Processe gegeben war, durch deren Aufsaugung
nachliess, oder die schwere molekuläre Störung der Hirnmasse durch Wiederkehr günstigerer Nutritions- und Cir-
culationsverhältnisse wieder ausgeglichen wurde; im zweiten
Falle lässt sich schliessen, dass ein weiteres Fortschreiten
der durch das Trauma gesetzten meningitischen und ence-
phalitischen Processe bis zur Atrophie des Gehirns stattfand.

Während die psychischen Störungen sich in einer meist
progressiven Dementia, mit grösserer oder geringerer Reizbarkeit äussern, in deren Verlauf nur ganz vorübergehend
Grössen wahndelirien mit maniakalischer Erregung (Beobachtung 1) und einmal eine ängstliche Erregung (Beobachtung 3) erscheinen, compliciren den Verlauf gewisse
motorische und sensible Störungen. Die motorischen
sind vorzugsweise allgemeine Coordinationsstörungen (Beobachtung 1 und 2), die in einem Fall sich verlieren,
im andern bis zum Tode fortschreiten und dem Krankheitsbild eine überraschende Aehnlichkeit mit primärer Dementia

2*

paralytica progressiva verleiben. In andern Fällen bestehen
die Störungen der Motilität vorwiegend in Lähmungen von
Gehirnnerven oder halbseitiger Lähmung der Extremitäten,
als deren Ursache sich Blutextravasate ergeben, während
die Coordinationsstörungen möglicherweise in der Erschütterung und Verletzung des Kleinhirns begründet sind. Die
Störungen der Sensibilität sind häufiger als die der Motilität und bestehen fast ausnahmslos in Erscheinungen cerebraler und sensorieller Hyperästhesie, in Schwindel, Kopfweh, Gefühl von Hämmern, Klopfen im Gehirn, Ohrensausen, Lichtflimmern. In einem Fall (Beobachtung 3) findet
sich profuse Salivation.

b) Fälle, in welchen die Psychose nicht unmittelbar dem Trauma
folgt, sondern ein Stadium prodromorum mit vorwaltenden Erscheinungen gestörter Function der Sensibilität und Sinnesthätigkeit ihrem
Ausbruch vorhergeht, während das psychische Leben intact ist, oder
nur Aenderungen der Stimmung, der Neigungen, des Characters darbietet *).

Beobachtung 6.

G. B., von R., 29 Jahr alt, Oeconom, wurde im Jahr
1858 (Februar) in der Anstalt aufgenommen. Erbliche Anlage zu Psychosen in seiner Familie war nicht zu verkennen, da er einen blödsinnigen Bruder hatte und ein Gross-
onkel, väterlicherseits, geistesgestört gestorben war.

Der Kranke hatte sich körperlich und geistig gut entwickelt und keine schweren Krankheiten durchgemacht.
Früh regte sich der Geschlechtstrieb; eine Zeit lang soll
er sexuell excedirt und auch onanirt haben. Seit 5 Jahren
lebte er in glücklicher Ehe; im Essen und Trinken verhielt
er sich mässig. Am 5. Mai 1857 erlitt er am linken Schei-

---

*) Weitere in der Literatur verzeichnete Fälle s. bei Flemming,
Allg. Ztschr. für Psychiatrie B. IX. p. 381, 382, 383. Bericht
über die Irrenanstalt Wien 1858, p. 48.

telbein durch Sturz mit einer Chaise eine Kopfverletzung mit den Erscheinungen leichter commotio cerebri, von der er nach wenigen Tagen ohne ärztliche Hilfe genesen sein soll. Im Juli desselben Jahrs wurde er reizbar, jähzornig, aufbrausend, launisch, dabei gleichgültig gegen die Umgebung, nachlässig in seinen Geschäften. Einige Wochen später stellte sich rasche Abnahme des Gedächtnisses ein, besonders für jüngst stattgefundene Begebenheiten; zunehmende Gedankenlosigkeit und Zerstreutheit sprach sich in seiner Conversation und seinen Schriften aus. Er konnte schliesslich nicht einmal einfache Sätze mehr construiren, einfache Summen nicht mehr addiren, und klagte selbst über diese zunehmende Geistesschwäche. Eine maniakalische Erregung, in Form zweckloser, unsinniger Geschäftigkeit, Projektmacherei und Wanderlust trat im Oktober auf. Zugleich zeigten sich jetzt motorische Störungen, (wankender Gang, Zittern, grosse Muskelschwäche), Grössenwahndelirien, die bald enorme Dimensionen annahmen, und eine bedeutende Steigerung des Geschlechtstriebs. Immer mehr trat das Bild eines tobsüchtigen, paralytischen Grössenwahns zu Tage. Dabei frequenter, voller Puls, heftige Congestionen zum Kopf, Verstopfung, anhaltende Schlaflosigkeit, Schwindel, Gesichtsschwäche. — Im November legte sich die tobsüchtige Erregung, während das Grössenwahndelirium fortbestand. Im Frühjahr 1858 gewann der Kranke Einsicht in seinen Zustand, gab seine Wahnvorstellungen auf, und wurde, wesentlich gebessert, unter Fortbestehen von leichter Geistesschwäche und leichten motorischen Störungen, nach Hause entlassen. Bis Ende 1860 erhielt sich der gebesserte Zustand. Zunehmende Gedächtnissschwäche, Zerstreutheit und Blödsinn, führten ihn wieder im Februar 1861 der Anstalt zu. Im Mai desselben Jahres ungebessert entlassen, lebte er noch apathisch blödsinnig und gelähmt, bis zum Frühjahr 1863, erlitt während dieser Zeit mehrere apoplectiforme Anfälle, deren einem er im Anfang Mai erlag.

Die Section ergab folgenden interessanten Befund: Das Schädeldach schwer zu durchsägen; Diploë auffallend compact, fast blutleer. Auf dem linken tuber parietale eine fast kreisrunde Stelle, an welcher das Periost auffallend fest sass, von etwa $1\frac{1}{2}$ Centimeter Durchmesser. Gegen sie hin das Seitenwandbein ziemlich gleichförmig, nach Art eines flachen Trichters, eingebogen. Sie war gebildet aus derber, blasser Knochenmasse und mit vielen feinen, spitzen Enostosen sammtartig besetzt. Das Ganze erinnerte frappant an eine durch Callus geschlossene Trepanationsöffnung.

Die Innenfläche des Schädeldachs adhärirt an der erwähnten Stelle der Dura mater durch eine derbe Schwarte, die sich von der Dura abreissen lässt. Von hier aus, gegen die Mittellinie zu, ist diese Membran getrübt, verdickt und sehr resistent. Beim Anschneiden der Dura fliesst etwa $\frac{1}{2}$ Schoppen röthliches Serum ab. Im Sinus longitud. Faserstoffgerinnsel. In der getrübten und verdickten Stelle der Dura, gerade nach Innen vom linken Tuber parietale und hart neben dem Sinus falciformis stecken 2 unregelmässige Sequester der Lamina vitrea. Die Spitzen derselben durchbohren diese Membran nach Innen. An diesen Durchbohrungsstellen, namentlich im Verlauf der grösseren Venen, ist die Arachnoidea und Pia stark getrübt, und mit zahlreichen Pacch. Granulationen besät. Die Gefässe der Pia strotzen, von Blut; die Pia lässt sich leicht von den Hirnwindungen abziehen, nur längs des Sinus longitud. beiderseits bleibt etwas graue Substanz beim Abziehen haften. Die übrigen Theile des Gehirns sollen nach dem Sectionsbericht keine Abweichungen von der Norm dargeboten haben. —

Beobachtung 7.

Am 15. Januar 1861·stürzte der 52jährige Stallbediente L. M. von K., beim Herabspringen von einem Wagen mit dem Kopf an ein Rad desselben, stand aber wieder sofort auf und setzte, nach vorübergehendem Schwindel, seine Ar-

beit fort. In den folgenden 10 Tagen befand er sich, bis
auf etwas Kopfweh, ganz wohl; am 25. Januar wurde M.
ängstlich, unruhig, schlaflos, machte sich Sorgen wegen
eines, wie sich später herausstellte, eingebildeten Discipli-
narvergehens. Unter steigender ängstlicher Unruhe und
fortdauernder Schlaflosigkeit, bildete sich der Wahn bevor-
stehender Gefahr und Verfolgung, Erschiessung etc. aus;
der Kranke wurde sehr unstet und verworren, und brachte
schliesslich keinen Satz seiner immer confuser werdenden
Reden zu Ende, aus denen nur hervorging, dass er Artille-
risten sah, die auf ihn schiessen wollten, worüber er in
grosse Angst versetzt wurde. Besondere körperliche Störungen traten nicht hervor, die vegetativen Functionen dauerten regelmässig fort. Die Anamnese ergab, dass M. zu
Psychosen hereditär nicht disponirt war, und früher als Soldat und später als Stallbedienter ein eingezogenes, mässi-
ges Leben geführt hatte und immer gesund gewesen war.
Beim Eintritt in die Anstalt bestand die ängstliche Erregung mit grosser Bewusstseinsstörung, und unterhalten durch
Stimmen, dass man ihn todtschlagen, abschlachten werde,
noch einige Zeit fort. Stammelnde Sprache, bebende Lip-
pen, zitternde Hände, schwankender Gang, ungleiche Pupillen machten die Annahme von Dementia paralytica wahr-
scheinlich, die auch der weitere Krankheitsverlauf bestätigte.

Die ängstliche Erregung wich bald einem fortschreitenden, affektlos sich vollziehenden Zerfall des geistigen Læ-
bens, der in apathischem Blödsinn sein Ende erreichte und
früh eine hochgradige Störung des Bewusstseins und fast
vollständige Amnesie erkennen liess. Die motorischen Störungen schritten immer weiter vor bis zu allgemeiner Paralyse. Der Kranke verfiel immer mehr und ging nach mehreren Anfällen von Convulsionen, unter brandiger Infiltra-
tion des Zellgewebs des scrotum und Decubitus am 6. Januar 1862 zu Grund.

Die 18 Stunden post mortem vorgenommene Section
ergab Folgendes:

Körper von kräftigem Knochenbau, mittelgross, bedeutend abgemagert. In der Kreuzbeingegend, an den Fersen und Knöcheln mehr oder minder grosser Decubitus, der Hodensack ums Doppelte vergrössert, das subcutane Zellgewebe desselben bis in die Inguinalgegend von grünlicher Jauche infiltrirt.

Das Schädeldach leicht, dick, unsymmetrisch, und an dem linken Theile des Stirnbeins eine dreieckige, etwa kronenthalergrosse Abflachung und Vertiefung, welcher an der Innenfläche eine Erhabenheit entspricht. Eine lineare Begränzung ist nicht wahrzunehmen, auch ist die Knochensubstanz der des übrigen Schädeldaches gleich. Die Dura mater ist glatt, vom Schädeldach überall leicht lösbar. Dieselbe ist in der vorderen und mittleren Grube der Schädelhöhle mit einem zarten, hellrothen, leicht lösbaren Häutchen an ihrer Innenfläche überkleidet, welches zum Theil auch an den diesen Theilen entsprechenden Parthieen der Pia mater haftet. Die Pia mater ist bedeutend verdickt, besonders auf der Scheitelhöhe mit der Dura mater innig verwachsen, an zahlreichen Stellen sehnig weisslich getrübt. Die Gefässe derselben sind verdickt und vielfach gewunden, mit hellrothem flüssigem Blute gefüllt. In den Maschen der Pia mater, sowie in dem Raum zwischen ihr und dem Gehirn, ist eine beträchtliche Masse klaren Wassers angesammelt. Das Gehirn ist schwer (45 ʒ) und blutreich, von der Pia mater leicht loslösbar: die Substanz desselben ist zäh, jedoch sehr durchfeuchtet, das Mark rein weiss, auf dem Durchschnitt zahlreiche Blutpuncte zeigend. Die graue Substanz blass-grau-braun. Der linke Vorderlappen bietet an seiner Oberfläche, etwa 1″ von der Mittellinie entfernt, entsprechend dem eben erwähnten Eindruck des knöchernen Schädeldaches, einen etwa groschengrossen, bis zu 2‴ tiefen Substanzverlust, welcher mit einer rostfarbenen, weichen Masse ausgekleidet ist, ohne von Pia mater überzogen zu sein. Die Hirnhöhlen sind erweitert und mit klarem Serum erfüllt.

Das Ependyma ventr. mit griesigen Granulationen
bedeckt. Die linke Lunge an zahlreichen Stellen durch
kurzes, festes Bindegewebe mit der Thoraxwand verwachsen. Die Substanz der Lunge ist weich und zer-
reisslich, beim Anfühlen knisternd, an dem vorderen
Rande hellgrau und trocken, in den hinteren Parthieen dun-
kelbraunroth, mürb von blutiger, trüber, luftleerer Flüssigkeit durchtränkt. Die rechte Lunge frei und knisternd; ihre
Substanz ebenfalls in den hinteren Parthieen mürb, braun-
roth, stark bluthaltig und durchfeuchtet. Die Bronchialver-
ästelungen beiderseits enthalten schaumigen Schleim in ziemlicher Menge.

Das Herz mässig gross und contrahirt, in den Höhlen
mehrere sehr umfangreiche Faserstoffgerinnsel von gelber
Farbe. Die Innenfläche der Aorta an zahlreichen Stellen
weisslich getrübt und an diesen Stellen die innerste Gefäss-
haut verdickt und härtlich. Die Unterleibsorgane boten kei-
nerlei Abnormität.

Diagnose. Geheilter Eindruck der Hirnschale; chronische Entzündung und Oedem der Pia und Hydrops der
Höhlen des Gehirns. Alter, vermuthlich durch Contusion ge-
setzter Substanzverlust des linken Vorderlappens. Pachymeningitis intern., Lungenhypostase.

Beobachtung 8.

J. G., 43 Jahr alt, ohne erbliche Anlage, früher gesund, bekam in seinem Dienst als Steueraufseher einen
Schrotschuss an die linke Kopfhälfte, von dem her noch
Narben auf der linken Gesichtshälfte sichtbar waren. Unmittelbar auf die Verletzung erfolgte Erbrechen; seit diesem
Unglücksfalle mehrere Jahre hindurch heftiger Schwindel,
Kopfweh, besonders über der linken Orbita, Ohrensausen,
lästiges Pfeifen im Kopf. Etwa 4 Jahre nach der Verwundung stellte sich grosse Unruhe, bis zum Jähzorn sich stei-
gernde Gereiztheit ein, denen Klagen über vermeintliche
Zurücksetzung und Vorenthaltung von Dienstgebühren folg-

ten. Nachdem er viel Geld und Zeit mit Anfertigung von
Prozessschriften vergeudet hatte, wurde er seines Dienstes
entlassen, und im Dezember 1844 in die Anstalt verbracht.
Er klagte hier häufig über Schwindel, Kopfweh, lästiges
Pfeifen im Kopf; schon bei der Aufnahme fand sich etwas
Unsicherheit der Sprache und Zunge, zu denen sich bald
Ungleichheit der Pupillen gesellte. Seine Wahnvorstellungen
über Verfolgung durch frühere Vorgesetzte und Vorwürfe
gegen diese dauerten hier anfangs fort, und seine grosse
Gereiztheit steigerte sich zeitweise zu wahren Wuthausbrüchen. Allmählig wurde er ruhiger, liess sich ablenken und
lebte in diesem gebesserten, aber geistesschwachen Zustand
bis Anfang 1846. In der Nacht vom 7.8. März stellten sich Convulsionen ein, die, mit Unterbrechungen, einige Tage dauerten. Seitdem war G. fast ganz apathisch blödsinnig, allge-
mein, aber unvollkommen gelähmt und musste cathetrisirt
werden. Die Kräfte schwanden immer mehr, es trat Decubitus, zuletzt eine hypostatische Pneumonie ein, der G. am
22. Oct. 1846 erlag. —

Die Section ergab Folgendes: Keine Spur von einer
Knochenverletzung, Diploë des Schädels hyperämisch, in
den mittleren Schädelgruben fast ganz verschwunden. Dura
mater verdickt, blutreich; weiche Häute der Convexität verdickt, weisslich getrübt, über den vorderen Lappen des
Gehirns stellenweise mit einander verwachsen. Hydroceph.
ext., Gewicht des Gehirns 41 3 2 3, einzelne Hirnwindungen
durch Serum auseinandergedrängt und unter's Niveau ein-
gesunken. Gehirnsubstanz sehr derb, Ventrikelependym mit
griesigen Granulationen übersäet, Rückenmark wiegt 9 3.
Die Arachnoidea enthält zahlreiche Knorpelplättchen. Sonst
nichts Abnormes. Lungen im Zustand hypostatischer Pneumonie. Die übrigen Organe boten nichts Bemerkenswerthes.

Beobachtung 9.

J. G. G. von N., ohne erbliche Anlage. Früher gesund und von solidem Lebenswandel, Schuster, erlitt, im

31. Jahre, bei einem Streit eine starke Kopfverletzung, von der sich eine Narbe auf dem linken Seitenwandbein herdatirt. Die Wunde soll ohne besondere Zufälle geheilt, die Narbe aber noch lange schmerzhaft gewesen sein. Schon einige Wochen nach der Verletzung, die aber den Knochen nicht lädirte, stellte sich eine auffallende Aenderung des Characters ein. G. wurde arbeitsscheu, fing an zu trinken, umherzuziehen, wurde widersetzlich, reizbar, gewaltthätig; er machte tolle, muthwillige Streiche, neckte die Leute, spielte ihnen allen möglichen Schabernack, und wurde, nach einem kurzen Aufenthalt in einer polizeilichen Verwahranstalt, der Irrenanstalt, etwa $\frac{1}{2}$ Jahr nach seiner Verwundung übergeben, in der er bis zu seinem Tod, etwa 21 Jahre, blieb.

Er bot beim Eintritt das Bild einer chronischen maniakalischen Exaltation mit Schwäche, die s. g. Form der Moria, und war durch seine muthwilligen Streiche, seine Obscönitäten, seine Geschwätzigkeit, zeitweise grosse Gereiztheit und Gewaltthätigkeit, ein sehr störender Anstaltsbewohner.

Häufig klagte er über Schwindel, Schmerz von der Narbe ausgehend, der besonders bei Witterungswechsel exacerbirt sein soll. Mit den Jahren nahm die Exaltation ab; immer mehr trat ein psychischer Schwächezustand, zunehmende Verwirrtheit auff; in den letzten Jahren seines Lebens bot der Kranke das Bild vorgeschrittenen Blödsinns mit kindischer heiterer Erregung, wie es sich bei manchen Idioten findet. Ausser einem Aortaklappenfehler fanden sich keine Störungen seiner vegetativen Organe vor.

Im 52. Lebensjahr erlag der Kranke einem cariösen Process im Hüftgelenke, zu dem sich Lungentuberculose, Tuberculose der Nebennieren und der Hoden gesellt hatten.

Die, 22 Stunden post mortem, vorgenommene Section ergab: Der Schädel von normaler Dicke, Diploë verschwunden, keine Spuren einer Verletzung. Dura sehr verdickt und mit dem Schädel innig verwachsen. Sie liegt der leicht

vom Gehirn abziehbaren, kaum verdickten und nur leicht
getrübten, ödematösen Pia dicht an und ist längs des Sinus
longitud. durch Pacchion. Granulationen mit ihr verwachsen.
Die Gefässe der Pia stellenweise atheromatös, von gewöhn-
lichem Blutgehalt.

Gehirn atrophirt, wiegt 41 ℥ 5 ℈: stark durchfeuchtet. Corticalis der Grossbirnhemisphären blass, die
Schichten nicht erkennbar; die Markmasse weiss mit spärlichen Blutpunkten. Mässige Erweiterung der Ventrikel.
Rückenmark wiegt 1j 3jjj, bietet nichts Besonderes. Aorta
ascend. und Hauptäste atheromatös; kalkige Schrumpfung
der Aortaklappen mit dadurch bedingter Insufficienz und
Stenose. Hypertrophie des linken Ventrikels. Hydroperi-
card. Fettleber. Tuberculose der Lungen, Hoden, Nebennieren. Caries des rechten Hüftgelenkes.

Beobachtung 10.

O. G. von D., ein geistesbeschränkter, aber erblich zu
Seelenstörung nicht disponirter, früher gesunder und solider
Mensch, erlitt, 19 Jahr alt, durch das Auffallen eines
Steins eine Kopfwunde, die bald heilte. Der Schädel war
nicht verletzt. Seit dieser Verwundung war der früher
ruhige, sanfte Bursche sehr reizbar, leidenschaftlich und
sehr heftig. Nach einiger Zeit wurde er unstet, zog dem
Bettel nach, fing an viel und aufgeregt zu sprechen.

Etwa 8 Monate nach dem Vorfall (Januar 1849), brach,
unter bedeutender Congestion zum Kopf, Tobsucht mit grossem Zerstörungsdrang, grosser Exaltation und profuser Geschwätzigkeit aus, die auf antiphlogistische Mittel nach 6
Wochen bedeutend nachliess, durch ungünstige lokale Verhältnisse sich aber wieder zu ansehnlicher Höhe erhob, und
bei der Aufnahme des Kranken in der Anstalt, am 25. Juni
1849, noch nicht völlig abgelaufen war. Eine mässige, maniakalische Exaltation, geschlechtliche Erregung, zeitweise
gereizte und trübe Stimmung bestanden noch einige Monate
fort. Der Kopf war oft congestionirt und schmerzhaft.

Unter lauen Bädern mit Umschlägen und Digitalis verschwanden die letzten Spuren der Tobsucht und Patient konnte im Dezember 1849 nach Hause entlassen werden. G. befand sich wohl zu Hause und bot nur eine gewisse Gedächtnissschwäche, geistige Trägheit und Reizbarkeit. Nahrungssorgen und Unglück trafen ihn im Jahr 1852, und begünstigten den Wiederausbruch der Störung, die ganz in der früheren Weise, als maniakalische Exaltation, Ende 1852 begann, und bald zur vollen Höhe des Paroxysmus sich steigerte. Im Februar 1853 kam Patient wieder in die Anstalt. Im Juli war die Tobsucht abgelaufen, so dass er, Ende August 1853, wieder nach Hause entlassen werden konnte, wo er sich seither, da seine häuslichen Verhältnisse sich gebessert hatten, ziemlich wohl befindet, und nur zeitweise von einer gewissen Aufregung und Reizbarkeit befallen wird.

Beobachtung 11.

P. G. von D., 43 Jahr alt, Maurer, früher gesund, solid und ohne Anlage zu Irresein, stürzte 2 Jahre vor seiner Aufnahme von einem Gerüst auf den Kopf. Er war unverletzt, erholte sich bald wieder, litt aber seither an zeitweise sich einstellendem heftigem Schwindel, der immer quälender wurde. Sein Gedächtniss nahm ab; Zustände von Verwirrung, in denen er seine Arbeit ganz verkehrt machte, gesellten sich zu den Schwindelanfällen. Allmählig änderte sich der Character. Der Kranke wurde unstet, reizbar, streitsüchtig, bedrohte seine Frau, machte verkehrte Streiche. Bei seiner Aufnahme bot er das Bild vorgeschrittener Dementia paralytica. Grosse Gedächtnissschwäche, Bewusstsein sehr gestört; Sprache stotternd, Gang und Bewegungen der Hände unsicher, linke Pupille weiter als die rechte. Der Kranke klagte über heftigen Schwindel, der auch im spätern Verlauf der Krankheit fortbestand. Unter fortschreitender Abnahme der Intelligenz bis zu apathischem Blödsinn, und immer mehr sich entwickelnden motorischen Störungen, erfolgte, nach wiederholten epileptiformen Anfällen, der Tod im Marasmus nach 4 jähriger Dauer der Krankheit. —

Beobachtung 12.

J. S. von H., 25 Jahr alt, Wirth, ohne erbliche Anlage, früher solid, gesund, bekam durch seine Frau, eine böse Sieben, um Neujahr 1857, ein porcellanenes Gefäss an die linke Schläfe geworfen. 2 tiefe Wunden, die eine unter dem linken Ohr 5/4″ lang, nach Vorn und Oben laufend, die Andere nach Aufwärts vom Wangenknochen bis gegen das Ende der ersten hinreichend und 2″ lang, waren dadurch entstanden und die A. temporalis durchschnitten worden. Die Wunden heilten ohne besondere Zufälle, aber schon nach 3 Wochen stellte sich, unter zunehmenden Schmerzen in den Narben, Trübsinn und grosse Reizbarkeit ein. Der Kranke besorgte die Wirthschaft immer schlechter, staunte vor sich hin, hing den Kopf, wurde heftig und gewaltthätig gegen die Umgebung, klagte Schlaflosigkeit, Gefühle von Verwirrung im Kopf, Schwindel, Sausen im linken Ohr, aus dem, seit dem 3. Tag nach der Verwundung, täglich Eiter ausfloss, und erbrach sehr oft nach dem Essen. —

Es traten nun zeitweise Anfälle von grosser Aufregung ein; er sprach verwirrt, zertrümmerte Mobiliar, versteckte sich unter das Dach, um dort zu sterben. Am 22. November desselben Jahrs erfolgte seine Aufnahme. Die Wunden waren vernarbt, aber die Umgebung ödematös; unter der hintern Narbe sehr deutlich ein Knocheneindruck mit hervorragenden Rändern zu fühlen. Ein schwacher Druck auf diese Stelle erzeugte heftigen Schmerz, der im ganzen Kopf sich verbreitete und auch durch stärkere Bewegung des Kopfs, Bücken, höhere Wärmegrade hervorgerufen wurde. Das Gesicht war häufig geröthet, der Puls frequent aber nicht voll, Pupillen gleich, ziemlich weit, träge reagirend, Zunge leicht belegt, Darmentleerungen träge, Urin saturit. Quälendes Ohrensausen im linken Ohr. Häufiges Erbrechen. Schlaflosigkeit. Unter lokaler und allgemeiner antiphlogi

stischer Behandlung, und Anwendung von grauer Salbe mit
Opium an die schmerzhafte Stelle, verloren sich diese Erscheinungen grössten Theils, auch die Schlaflosigkeit nahm
etwas ab. Der Kranke wurde ruhig, nur zuweilen weinerlich, zeigte nur selten mehr Spuren von Aufregung, und
konnte, nachdem dieser gebesserte Zustand sich längere
Zeit erhalten hatte, im März 1858, unter Anordnung diäte-
tischer Vorschriften nach Hause entlassen werden. Die seither von ihm eingezogenen Nachrichten lauten im Allgemeinen befriedigend, doch leidet er noch immer an zeitweisem
heftigem Schmerz an der Knochennarbe, ist leicht zornig und
gereizt, und geräth, wenn er in Aufregung kommt, oft in
grosse, aber rasch vorübergehende Verwirrung.

Beobachtung 13.

M. K. von E., katholisch, verheiratheter Taglöhner,
33 Jahr alt, fiel im Herbst 1856 von beträchtlicher Höhe
in einer Scheuer auf den Kopf, und war nach diesem Fall
eine Zeitlang bewusstlos. Seither klagte er über Schmerz
und Sausen in der rechten Kopfhälfte, an der übrigens
keine Verletzung bemerklich war. Vor seinem Falle war
er geistig und körperlich gesund und keiner nachweisbaren
Praedisposition zu Seelenstörung unterworfen.

Im Frühjahr des J. 1857 erkrankte er unter Fortdauer
seiner nach dem Fall aufgetretenen Beschwerden, an Verfolgungswahn, der sich zunächst gegen seine Frau kehrte,
und im Wahn, dass sie ihn verhext habe, ihm nach dem
Leben trachte, ihm Gift in das Essen gethan habe u. s. w.
sich objectivirte. Abnahme der Geisteskräfte, Trägheit,
Reizbarkeit, Misshandlungen der Frau, deren Verfolgungen
sich auf Gesichts - und Gehörhallucinationen gründeten, machten seine Aufnahme in die Irrenanstalt am 12. November
1857 nöthig.

Er gewöhnte sich bald an die Ordnung des Hauses,
verhielt sich ruhig und fleissig, beharrte aber auf seiner

feindlichen Gesinnung gegen die Frau, von der er sich alle
möglichen Unbilden zugefügt wähnte, und hegte den Lieb-
lingswunsch sich von ihr scheiden zu lassen und dann nach
America auszuwandern. Sein Räsonnement verrieth grosse
Schwäche. Habituell klagte er Sausen im rechten Ohr und
der rechten Kopfhälfte, sonst war er ruhig, zufrieden und
frei von Beschwerden. Die Behandlung beschränkte sich
auf zeitweise Application von Blutegeln, Abführmitteln,
Bäder mit kalten Umschlägen und eine Fontanelle im
Nacken.

Nachdem K. längere Zeit sich ruhig und geordnet verhalten und von seinen Wahnvorstellungen Nichts mehr geäussert hatte, entliess man ihn im Dezember nach Hause,
wo er im Spital der Gemeinde untergebracht wurde. Dort
war er arbeitsscheu, gereizt, unverträglich, klagte bei Behörden und Bekannten in der alten Weise über seine Frau
und vermeintlichte Verfolgungen von Seiten der Umgebung
und trug sich beständig mit dem Plane, nach Amerika auszuwandern. Ungenügende Ueberwachung in dem Spital,
Neigung sexuelle Excesse zu begehen und sich zu berau-
schen machten K.'s abermalige Verbringung nach der Anstalt am 20. Mai 1860 nöthig. Der Verfolgungswahn kehrte
sich diess Mal auch gegen die Behörden und die gesammte
Umgebung, und wurde in endlosen Klagen geäussert, Arbeitsscheu und Widersetzlichkeit machten die Anwendung
kalter Begiessungen nothwendig, auf die er seine, grosse
Beschränktheit verrathenden Klagen einstellte, und sich der
Ordnung des Hauses und dem ärztlichen Regime unterwarf.
Ende des Jahres 1860 wurde er in diesem, relativ gebesserten Zustande, einer Pfleganstalt übergeben. Dort anfangs blödsinnig beschränktes Heimverlangen mit grosser
Reizbarkeit und Wuthausbrüchen, wenn man seinem Ver-
langen ihn zu entlassen nicht entsprach. Grosse Verwirrtheit und Trägheit; hie und da noch Klagen über die Umgebung im Sinn seines früheren Verfolgungswahn's. Im
Verlauf zunehmende Verwirrtheit und blödsinnige Abstumpf-

ung. Die grosse Reizbarkeit nimmt im Laufe der Jahre ab, die blödsinnige Verworrenheit immer mehr überhand. Zuweilen noch Hallucinationen des Gesichtes und Gehör's. Vegetative Functionen in Ordnung. Puls 70—80. Frühere Affekte und Wahnvorstellungen verschwunden. — Patient lebte 1867 noch in der Pflegeanstalt.

Beobachtung 14.

G. S. von S., Taglöhner, 35 Jahr alt, wurde nach 5 jähriger Dauer seines Leidens, im Juni 1857 in die Anstalt aufgenommen. Früher gesund, in keiner Richtung Excessen sich hingebend, ohne erbliche Anlage zu Seelenstörung, erlitt er, 6 Jahre vor der Aufnahme, bei einer Rauferei einen Schlag mit einer Pike auf den Kopf, der eine Fissur des Parietalbeins und eine tiefe Hautwunde an derselben Stelle zur Folge hatte und eine $1^1/_2''$ lange, wagrechte Narbe in dem vordern obern Drittel des linken Seitenwandbeins hinterliess. Die Verletzung heilte ohne besondere Zufälle und ohne ärztliche Dazwischenkunft binnen 14 Tagen. Bald darauf begann eine völlige Umänderung des Character's sich zu entwickeln. Der früher gutmüthige, solide, freundliche Mann wurde reizbar, zänkisch, brutal, gewaltthätig, fing an zu trinken. Zugleich zunehmende Vergesslichkeit, geistige und körperliche Trägheit und Schlaffheit, so dass er zu einer geordneten Thätigkeit nicht mehr zu bewegen war, und seine Zeit meist in Wirthshäusern, in Streit, Hader und Excessen vergeudete. Wiederholt klagte er über Kopfweh, Schwindel, sensorielle Hyperaesthesie, so dass ihm schon das Schreien des Hahn's, das Glitzern glänzender Gegenstände u. s. w. Kopfweh machte. —

Zwei Jahre nach der Verletzung erlitt er 2—3, in kurzem Zeitraum sich folgende apoplectiforme Zufälle (Schwindel, Bewusstlosigkeit, keine Lähmungen), die regelmässig binnen 4—6 Tagen ohne Folgen wieder vorübergiengen. Während die genannten Characteränderungen immer mehr sich ausbildeten, traten 3 Jahre nach der Verletzung Zufälle

auf, die meist nur kurze Zeit (6—8 Tage) dauerten, mit grosser Gereiztheit, Zerstörungs- und Bewegungsdrang einbergin-
gen und durch wochenlange Zustände grosser geistiger und körperlicher Ermattung mit grosser Reizbarkeit geschieden waren.
Häufig bestanden während der maniacalischen Erregungen
ausgesprochene Fluxionen zum Gehirn und Klagen über
Kopfweh. Allmälig hatte das geistige Leben des Kranken sehr gelitten; er war immer beschränkter, sinnlicher,
brutaler geworden, entwickelte eine kindische Rechthaberei,
eine hohe Meinung von sich, und war bereit sofort, wenn
man ihm nicht zu Willen lebte, drauf zu schlagen. — Als
der Kranke in die Anstalt kam, war ein vorgeschrittener
Blödsinn mit grosser Reizbarkeit nicht zu verkennen. Dann
und wann kehrten noch Aufregungszustände in der geschil-
derten Weise wieder, verloren sich aber allmälig. Kindisches Wesen, grosse Trägheit, Vergesslichkeit, Gleichgiltigkeit, Stumpfheit traten immer mehr hervor, so dass
Patient 1862 einer Pfleganstalt übergeben werden musste,
in der er noch, im Zustande apathischen Blödsinns, seit Jahren lebt.

Beobachtung 15.

P. K., 28 Jahr alte Strohflechterin, fiel im Januar
1862 bei Glatteis über Felsen herab, erlitt eine bedeutende
Gehirnerschütterung und Loslösung der Kopfschwarte auf
dem linken Seitenwandbein, in Folge deren sie 16 Wochen
im Spital mit meningitischen Erscheinungen krank lag und
bedeutende Narben an der verletzten Stelle davon trug.
Von dieser Zeit an datirt sich eine Seelenstörung, die an-
fänglich nur durch eine gewisse Aufgeregtheit, auf geringe
Veranlassung ausbrechende Heftigkeit sich verrieth, und zu
welcher häufiger Kopfschmerz, Gefühl von Verwirrung im
Denken, Verdummung im Kopf sich gesellten, Erscheinung-
en, die aber noch fast ein Jahr lang der Kranken die
Fortsetzung ihrer Beschäftigung gestatteten. Die menses
kehrten im Laufe dieses Jahres nur Ein Mal wieder. — Im

Lauf des Dezembers 1862 fing die Kranke an unruhiger zu werden. Sie zeigte grosse Gereiztheit gegen die Umgebung, fühlte sich unbehaglich, lief in den Wirthshäusern umher, sich dem Trunk ergebend, jungen Burschen Wein bezahlend. Sie verausgabte ihr Geld, das sie erspart hatte, prahlte mit vermeintlich ausstehenden Geldsummen, die sie von Dem und Jenem einziehen wollte und deren verweigerte Bezahlung sie in grossen Affekt versetzte. Eine Steigerung ihres geschlechtlichen Lebens äusserte sich darin, dass sie glaubte, Jedermann wolle sie haben, und dass sie die Umgebung geschlechtlicher Ausschweifungen beschuldigte. Die Unruhe und Aufregung steigerte sich rasch zu völliger Tobsucht; sie war keine Stunde mehr ruhig, zeigte grossen Bewegungsdrang, grosse Ideenflucht mit vorherrschend erotischen Beziehungen, erwartete schöne Herren, mit denen sie sich vergnügen wollte, schrie, jauchzte, tobte in Einem fort. Circulations- und motorische Störungen traten keine auf. Bei der Aufnahme in die Anstalt bestand ein Zustand ausgesprochener Tobsucht mit grosser sexueller Erregung fort.

Der Körper war von mittlerer Grösse, gut genährt, Kopf gut gebaut, auf dem linken Seitenwandbein mehrere tiefgehende, aber etwas verschiebbare Narben. Der Knochen nicht nachweisbar verändert; keine Congestionserscheinungen, keine motorischen Störungen. Die Organe der Brust- und Bauchhöhle liessen keine störung Function erkennen. —

Die Unruhe, der Bewegungsdrang steigerten sich in der Folge noch ; eine heitere, ausgelassene Stimmung wechselte nur vorübergehend mit einer gereizten im Affect des Zornes sich bewegenden, wobei dann verfolgende Judenstimmen und Visionen auftraten. Häufig grosse Verworrenheit, zusammenhangslose oder nach oberflächlichen Associationen sich aneinander reihende Delirien. Auf wochenlange tobsüchtige Zeiten folgten dann mehrtägige Remissionen, in denen das Bewusstsein freier war, der abnehmende Bewegungsdrang die Beschäftigung mit Handarbeiten gestattete, die Kranke einen beschränkten Grad von Krankheitseinsicht verrieth und nur selten von Hallucinationen heimgesucht war. Diese Zeiten der Remission hielten aber nie länger als höchstens 14 Tage an; immer mehr trat auch in ihnen ein Zustand fortschreitenden intellectuellen Verfalls zu Tage, und immer wieder stellten sich erneute Tobsuchtanfälle ein, die im Wesentlichen unter den Erscheinungen zornigen Affekts mit einer Masse von sich drängenden unangenehmen Vorstellungen, grosser Gereiztheit gegen Abwesende und Personen der Umgebung, Bewegungsdrang bis zur Zerstörung und gewaltthätigen Angriffen, grosser Verworrenheit und Ideenflucht, geschlechtlicher Erregung, Unreinlichkeit, Gesichts- und Gehörhallucinationen mannigfacher Art abliefen, meist 14 Tage bis 3 Wochen dauerten, und durch die jeweilige Wiederkehr der, Anfang 1865, wieder aufgetretenen Menses eine Recidive oder Steigerung erfuhren. Opium, Cuprum sulfuric. ammon., prolongirte Bäder und Tartarus emeticus wurden vergebens versucht; nur zuweilen schien Morphium in subcutaner Anwendung bis zu gr. $\frac{1}{2}$ p. dosi zu beschwichtigen, indem es einen collapsus hervorrief. Allmählig ist die Kranke ganz blödsinnig geworden. Die enorme Reizbarkeit besteht fort und geringe äussere Veranlassungen sowie innere Ursachen rufen beständig wieder, bald Tage bald Wochen dauernde maniakalische Ausbrüche mit dem Character eines aufs Höchste gesteigerten zornigen Affekts hervor.

In den vorausgehenden Fällen unsrer zweiten Gruppe folgt die Psychose dem Trauma nicht unmittelbar, sondern zwischen beiden liegt ein, bald längeres bald kürzeres Stadium cerebraler Reizung, die sich wieder durch rein psychische Anomalien, oder sensorielle und sensible Störungen, oder in der Regel durch Störungen beider verschiedenen Functionsqualitäten kund giebt.

Die pathologisch-anatomischen Processe, welche dieser Gehirnreizung zu Grunde liegen, gestalten sich verschieden.

In einer Reihe von Fällen sind es offenbar durch das Trauma gesetzte heerdartige Erkrankungen, Knochensplitter, Knocheneindrücke, Contusionen der Häute und des Gehirns, die chronisch - meningitische Processe, encephalitische Heerde, Blutextravasate setzen, von denen aus dann diffuse Erkrankungen der Meningen und des Gehirns ihren Ausgang nehmen; in andern Fällen hat das Trauma das Gehirn zu häufigen Congestionen disponirt, die spontan oder durch Alcoholexcesse etc. auftreten, und den Ausgangspunct für Krankheitsprocesse in den Meningen und dem Gehirn abgeben. Bemerkenswerthe Beispiele für die erste Art der Entstehung liefern die Beobachtung 6, wo durch die Häute ins Gehirn gedrungene Splitter der inneren Glastafel eine pericephalo-meningitis diffusa chron. setzen; ferner Beobachtung 7, wo, an der Stelle des Knocheneindrucks ein encephalitischer Heerd sich findet, von dem die chronische Entzündung der Häute und des Gehirns ihren Ausgang genommen haben dürfte. In Beobachtung 8 und 11 scheint der zweite Weg der Entstehung eines ähnlichen Gehirnprocesses vorzuliegen.

Die zeitliche Dauer dieser wesentlich aus den Erscheinungen einer Gehirnreizung bestehenden Prodromalperiode ist eine verschieden lange. Sie hängt vorzüglich von der raschen oder langsamen Ausbildung der durchs Trauma gesetzten anatomischen Veränderungen der Meningen und des Gehirns ab. Intercurrirende Momente, äussere schädliche Bedingungen z. B. Excesse im Trinken und dadurch erzeugte Congestionen sind offenbar den Verlauf beschleunigende Momente. Während in Beobachtung 7 schon nach 10 Tagen die Zeichen cerebraler Reizung sich einstellen, dauert es in anderen -- Wochen und Monate, bis sie zur Erscheinung kommen; ebenso variirt die Dauer der prodromalen Periode ansehnlich. Abgesehen von den Fällen, wo diese sich nicht scharf vom eigentlichen Invasionsstadium der Psychose abhebt, lässt sich im Allgemeinen die Dauer der prodromalen Periode auf einige Monate (Beobachtung 9, 10, 13), bis einige Jahre fixiren. (Beobachtung 8, 15).

Wie schon erwähnt, sind die abnormen Gehirnerscheinungen dieser Periode theils psychische (Beobachtung 6, 7,
9, 10) theils sensorielle (Beobachtung 8, 13), oder beiden
Functionsqualitäten angehörige (11, 12, 14, 15). —
Leider lässt sich ebenso wenig das betreffende Krankheitsbild der prodromalen Periode als die betr. Form, welche die Psychose annimmt, auf Verschiedenheiten des pathologisch - anatomischen Prozesses zurückführen. Da, wo
die psychischen Anomalien sich vorzugsweise einstellen,
äussern sie sich fast immer in grosser Reizbarkeit — ein
Symptom, das überhaupt bei wenig Irreseinszuständen so
prägnant hervortritt, als beim Irresein aus Kopfverletzungen —,
und einer völligen Umgestaltung des Characters. Der
Kranke wird heftig, brutal, zanksüchtig, begeht Excesse in
Bacho et Venere, und nähert sich immer mehr dem Bild
einer maniakalischen moral insanity. Bei Manchen, besonders Solchen, bei denen später Tobsucht ausbricht, zeigt
sich jetzt schon eine mässige maniakalische Exaltation in
der Form von Unstetigkeit, Wandertrieb, Neigung zu vaga-
bundiren und zu excediren. Wir werden bei der forensischen Betrachtung des Irreseins aus Kopfverletzungen diese
Varietäten zu würdigen haben. In der Regel sind es diese
Vorstufen der Manie, die den Reigen der psychischen Anomalien eröffnen; seltener, und besonders wo die Krankheit zur
Paralyse führt, bestehen die prodromalen Krankheitserscheinungen in den Zeichen einer Gehirnerschöpfung, sich äus-
sernd in progressiver Gedächtnissschwäche, Stumpfheit,
Gleichgiltigkeit, Abnahme der geistigen Leistungsfähigkeit,
wofür Beobachtung 6, 11 treffende Beispiele abgeben.
    Eine hervorragende diagnostische und prognostische
Bedeutung gewinnen die Störungen von Seiten der Sinnesorgane und der Sensibilität, die sich bei den Fällen unserer
Gruppe mit überraschender Häufigkeit finden. Eine der
häufigsten ist der Kopfschmerz, der wieder diffus, oder an
der Stelle der Verletzung empfunden werden kann und, wie
auch die übrigen Erscheinungen, mit der jeweiligen Wieder-

kehr von Congestionen zum Kopf exacerbirt. — Häufig klagen die Kranken über Schwindel, Gefühle von Verwirrung und Hemmung im Denken. Dazu gesellen sich subjective Sinnesempfindungen durch Hyperästhesieen der betreffenden Sinnesnerven, Ohrensausen, Photopsieen, bisweilen in einem Sinnesorgan z. B. einem Ohr, wo sich dann auf lokale Reizungs- und Entzündungsvorgänge schliessen lässt. Zuweilen stellen sich spontan, oder schon auf geringe Excesse, Congestionen mit deutlicher Steigerung aller Symptome von Hirnreizung ein*).

Bezüglich der Form der consecutiven Psychose ergibt sich bei der 2. Gruppe kein so übereinstimmendes Krankheitsbild wie bei der ersten. Eine interessante Thatsache ist das öftere und offenbar nicht zufällige Auftreten von Dementia paralytica, wofür die Beobachtung 6, 7, 8, 11 Belege abgeben. Die Spärlichkeit des Materials macht es uns unmöglich nachzuweisen, ob sich hier bei traumatischer Ursache klinische Unterschiede von den durch andere ätiologische Momente erzeugten Fällen finden lassen. Patholo-gisch-anatomische Unterschiede vom gewöhnlichen Leichenbefund bei Dementia paralytica scheinen wenigstens bei unsern Fällen nicht zu bestehen. —

---

*) Auch Schlager in seiner verdienstvollen Arbeit kommt zu ähnlichen Resultaten, die vielleicht nur dadurch von den unserigen differiren, dass er die einzelnen Gruppen der traumatischen Psychosen nicht sonderte. Unter 49 Fällen von Irresein nach Körperverletzung fand er als psychische Prodromi 20 mal allmählige Aenderung des Characters, die sich meist als extreme Reizbarkeit bis zu Wuthausbrüchen, 3 mal als psychische Exaltation, 3 mal als Unstetigkeit äusserte. Ebenso häufig fand S. sensorielle Hyperästhesieen (Photopsie 12 mal, Photophobie 7 mal, ferner Ohrenklingen und Ohrensausen, ferner anhaltende und heftige, spontan oder durch Alcoholgenuss und Affecte erzeugte Hirncongestionen mit davon abhängigem Schwindel.

In den übrigen Fällen unserer Gruppe finden wir maniakalische Zustände (Beobachtung 10, 13, 15) hauptsächlich unter dem Bild eines zornigen Affects mit grosser Reizbarkeit, die sich durch den grössten Theil des Krankheitsverlaufs zieht, und selbst im terminalen Blödsinn, zu dem endlich auch sämmtliche Fälle unserer 2. Gruppe führen, eine hervorragende Rolle spielt. Häufig kehren dabei im Krankheitsverlaufe, mit oder ohne Kopfcongestionen, die sensoriellen Hyperästhesieen wieder, und steigert sich zeitweise die grosse Reizbarkeit zu heftigen Wuthausbrüchen (Beobachtung 16). Nur ein Mal (Beobachtung 14) beginnt die Psychose mit Verfolgungswahnsinn, der ebenfalls schliesslich in einem stationären Zustand von Blödsinn mit grosser Reizbarkeit endigt.

e) Fälle, in denen das Trauma nur eine Prädisposition zu psychischer Erkrankung erzeugt, und diese unter Vermittlung eines accessorischen, schädlichen Momentes eintritt *).

Von den im Vorhergehenden besprochenen Fällen, in denen eine Kopfverletzung als reine, direkte Ursache einer Seelenstörung angesprochen werden muss, unterscheiden sich wesentlich diejenigen, wo mit der Kopfverletzung nur eine Schwächung der Hirnvitalität und damit eine individuelle Prädisposition zur späteren psychischen Erkrankung durch irgend ein weiteres schädliches ätiologisches Moment gegeben wurde. Die Schätzung dieser Fälle, wo der Zusammenhang der Ursachen und Symptome kein reiner ist, hat ihre Schwierigkeiten und die Beanspruchung der vielleicht viele Jahre früher stattgefundenen Kopfverletzung, als ätiologisches Moment einer späteren Psychose, scheint oft eine mehr willkürliche zu sein.

---

*) Weitere Fälle: s. Esquirol, des maladies ment. t. I, 1838 Nr. 68. Aerztlicher Bericht der Irrenanstalt zu Wien. 1858, p. 47.

Gleichwohl dürfen wir die ätiologische Bedeutung eines derartigen Gehirntrauma in der Anamnese einer späterhin aufgetretenen Psychose nicht zu gering anschlagen, selbst wenn eine grössere Reihe von Jahren zwischen beiden Ereignissen liegen sollte. Die Erfahrung, dass andere Neurosen, wie z. B. Epilepsie, lange Jahre nach einer erlittenen Kopfverletzung noch entstehen können, spricht schon per analogiam dafür, und die da und dort gemachten klinischen Beobachtungen und die Aussprüche erfahrener Irrenärzte sprechen für die Richtigkeit dieser Annahme. So erzählt Esquirol (des malad. ment. t. I p. 68) von einem Kinde, das mit 3 Jahren einen Sturz auf den Kopf erlitt, seither über Kopfweh klagte und mit 17 Jahren, unter Steigerung des Kopfschmerzes in Manie verfiel. Derselbe Beobachter fügt, am gleichen Orte, hinzu: „les chutes sur la tête, même „dès la première enfance, prédisposent à la folie et en sont „quelquefois la cause excitante. Les chutes ou les coups „sur la tête précèdent de plusieurs années l'explosion du „délire." —

In ähnlicher Weise spricht sich Griesinger (Lehrb. II. Aufl. p. 181) aus, indem er annimmt, dass nach Gehirnerschütterungen, selbst ohne anatomische Ursachen, das Gehirn noch nach Jahren (bis zu 10 Jahre, Schlager) eine solche Erkrankungsfähigkeit zurückbehält, dass die mässigsten weiteren Ursachen (z. B. psychische) zum Irresein führen. Vgl. Morel, (traité des mal. ment. p. 143) und Flemming (Path. und Therap. der Psychosen p. 113), die zu gleichen Resultaten kommen.

Wenn sich an der Wichtigkeit früherer Kopfverletzungen für die Entstehung erst spät auftretender Seelenstörung nach den Aussprüchen erfahrener Autoritäten nicht zweifeln lässt, so bestätigen auch unsere, bei einem Material von über 2000 männlichen Irren, in dieser Richtung angestellten Untersuchungen wesentlich die Behauptungen der genannten Forscher. In einer grossen Zahl von Fällen hat offenbar die frühere Kopfverletzung mit der später aufgetretenen Psy-

chose keinen ätiologischen Zusammenhang und dem Gehirn
blieben selbst von dem schweren Trauma keine Folgen zurück, in einer weiteren Serie von Fällen ist der Zusammenhang nur ein wahrscheinlicher; in einer dritten und jedenfalls nicht unbedeutenden Zahl hat aber das Trauma offenbar Gehirnstörungen hinterlassen, die sich, durch eine Reihe
von psychischen und physischen Erscheinungen characteri-
sirt, lange Jahre hinziehen können und den disponirenden
Boden abgeben, auf dem endlich irgend ein dem psychischen Leben gefährliches occasionelles Moment die Psychose zum Ausbruch bringt.

Leider sind die Anamnesen in solchen Fällen bei der
langen Dauer des Intervalls, der zwischen Trauma und Psychose liegt, und der mangelnden ärztlichen Beobachtung solcher Kranken oft dürftig genug, aber aus dem spärlichen
Material, das nach Eliminirung des zweifelhaften übrig
bleibt, ergeben sich doch hinreichende Aufschlüsse, die in
therapeutisch prophylactischer und auch in forensischer Hinsicht nicht ohne Werth sind. Zu den die forensische Medizin
besonders interessirenden Fällen gehören namentlich diejenigen, wo ein von einem Gehirntrauma Betroffener zwar an-
scheinend gesund aus der Reconvalescenz von seiner Verletzung wieder hervorgeht, aber der scharfsichtige Beobachter gewisse Aenderungen und Anomalien des Characters
findet, die dem Verunglückten vor der Verletzung fremd
waren.

Besonders ist es eine gewisse Gemüthsreizbarkeit, die
auf solche Verletzungen sich nicht selten einstellt und, zeitlebens fortbestehend, dem ganzen Character eine andere
Färbung und Richtung gibt. Sie findet sich überhaupt
häufig und als alleiniges Residuum abgelaufener Gehirn-
processe und Psychosen, und wird im öffentlichen Leben
und in foro natürlich als krankhaft übersehen. Bei Andern
findet sich eine geringere Leistungsfähigkeit des intellectuellen Lebens, die sich nicht sowohl in einer Abnahme seiner
Höhe und seines Umfangs, als vielmehr in einer gewissen

rascheren Erschöpfbarkeit, selbst nach geringen Anstrengungen, kundgibt. Solche Menschen sind nicht schwachsinnig geworden, nicht „auf den Kopf gefallen", im Sinn des
Volks, aber ihr psychischer Mechanismus hat doch eine
Einbusse erlitten, die als Zeichen mindestens einer erwor-
benen krankhaften Disposition angesprochen werden muss. —
    Auch in anderer Richtung äussert sich diese grössere
Erschöpfbarkeit und geringere Widerstandsfähigkeit des Gehirns nach traumatischen Einflüssen, indem ihnen unterworfen Gewesene viel weniger Excesse, besonders alcoholische,
ertragen, als vor dem Trauma, und selbst von Quantitäten,
die ihnen vorher gewohnt waren, nun bedeutend afficirt
werden. In anderen Fällen äussert sich die traumatische
Gehirnstörung durch das Fortbestehen von Lähmungen, Sin-
nesstörungen (Schwerhörigkeit, Taubheit etc.) und habituel-
len oder nur zeitweise exacerbirenden Kopfschmerzen, die,
in selteneren Fällen, selbst genau an der Stelle, an welcher
das Trauma einwirkte, ihren Sitz haben. Gründe genug, den
wichtigen Einfluss, welchen früher überstandene Kopfverletzungen für das Zustandekommen von Psychosen haben,
nicht zu unterschätzen. —
    Sehen wir uns nach den anatomischen Substraten und
pathogenetischen Bedingungen um, die den Zusammenhang
vermitteln, so muss wohl ein wesentlicher Einfluss der
schädlichen Wirkung häufig wiederkehrender Congestionen
zum Kopf, zu denen erlittene Traumen auf's Gehirn dispo-
niren, für die Entwicklung der später auftretenden Gehirnstörung, deren Ausdruck die Psychose ist, zuerkannt werden. Und in der That leiden solche Kranke in dem, zwischen Trauma und Psychose liegenden Zeitraum, häufig an
Kopfcongestionen, die auch wesentlich den Verlauf des folgenden Irreseins auszeichnen. Weiter mögen es auch, wie
Griesinger (p. 181) mit Recht vermuthet, „kleine, liegen-
gebliebene, in eingedicktem Zustand lang unschädlich ge-
tragene Eiterheerde, kleine apoplectische Cysten, chronische
Processe an der Dura u. dgl. sein, um welche sich später,

aus irgend einer Ursache, eine nun allmälig um sich grei-
fende Entzündung der zarten Häute, oder der Gehirnsubstanz einstellt; andere Male ist es die langsame Bildung
einer Exostose, einer Geschwulst oder eine schleichende
Caries des Schädels, von der aus sich Hyperämien und ex-
sudative Processe weiter verbreiten." —
Wir werden uns im Folgenden bemühen, nur derartige
reine und der Kritik standhaltende Fälle unserer 3. Gruppe
zu Grunde zu legen. —

Beobachtung 16.

G. G. von H., 58 Jahr alt, Bauer, ohne erbliche Anlage, früher gesund, wurde im 33. Jahre derart von einem,
mit Steinen schwerbeladenen Wagen, überfahren, dass ihm
die Räder über den Schädel gingen und einen $\frac{1}{2}$" tiefen,
1" breiten und 3" langen Knocheneindruck über dem linken
Ohr, der sich über einen Theil des Stirn-, Scheitel- und
Schläfenbeins erstreckte, erzeugten. Er lag lange schwer
und bewusstlos darnieder, erholte sich aber völlig unter zu-
rückbleibender Schwerhörigkeit des linken Ohrs. Ausser
dieser Uebelhörigkeit, mitunter deutlich hervortretender
grosser Reizbarkeit und der Eigenschaft, schon durch den
Genuss von ganz geringen Quantitäten Wein berauscht
zu werden, befand sich G. 23 Jahr lang ganz wohl, und
lebte verheirathet mit Erfolg seinem Beruf als Oekonom
und Weinhändler. Im 56. Lebensjahr, nachdem sich G. im
Schmerz über pecuniäre Verluste zu sehr dem Weingenuss
ergeben hatte, trat eine maniakalische Erregung mit grosser Reizbarkeit und Unstetigkeit ein, die sich in der Folge
in Perioden von etwa 8 Wochen wiederholte und mehrere
Wochen in der Regel andauerte. In der Zwischenzeit war
G. immer abgespannt, geistig stumpf, und lag unter Kopfschmerzen meist zu Bett. In der Anstalt, in welche er 1844
aufgenommen wurde, dauerten die maniakalischen Paroxysmen fort, kehrten alle 10 Tage bis 3 Wochen wieder, dauerten 6—10 Tage, und äusserten sich in maniakalischer Exal-

tation mit Sammeltrieb, Plan- und Projectenmacherei. Er
überschätzte dann seine Geschicklichkeit, sein Vermögen,
klagte über erlittene Kränkungen, während er selbst in ho-
hem Grad streitsüchtig und gewaltthätig war; simulirte
Krankheiten, trieb Unsauberkeiten mit den Excrementen,
entwandte, zerstörte, so dass er gewöhnlich bald isolirt werden musste, worauf Ruhe eintrat. Bedeutende Steigerung
der Pulsfrequenz, Erweiterung der linken Pupille, Neigung
zu Kopfcongestionen wurden dabei regelmässig beobachtet.
Der maniakalische Paroxysmus ging meist rasch in Ab-
spannung über, der Kranke wurde still, schläfrig, gleichgültig, träge, bis, vielleicht schon nach wenig Tagen, bisweilen erst nach Wochen, ein neuer Anfall kam. Mit zunehmendem Alter, wohl auch durch Opiumgebrauch, wurden die Anfälle seltener und milder. Nachdem G., im Sommer 1853, eine schwere Pleuritis exsudativa überstanden
und 1854 sich einen intracapsulären Schenkelhalsbruch zu-
gezogen hatte, erkrankte er, Anfang April, an einem fieber-
haften Bronchialkatarrh. Nach einigen Tagen trat ein apo-
plectischer Anfall auf. Er wurde bewusstlos, dyspnoisch,
blass, kalt; der rechte Arm war paretisch, im linken traten
klonische Krämpfe auf; am folgenden Tag neuer Anfall, auf
den tiefer Sopor und, Abends 4 Uhr, der Tod folgte.

Die 18 Stunden post mortem vorgenommene Section ergab folgenden Befund:

Schädel: Die Kopfschwarte leicht abziehbar. Knochenmasse des Schädels spröde, brüchig, leicht, die Diploë
nahezu verschwunden. Im linken Schläfen- und Seitenwandbein ein nahezu ¹/₂″ tiefer Eindruck, der im Moment
seiner Entstehung, wie die genaue Inspection nach Wegnahme
des Periosts erwies, mit Fractur verbunden war. Das der
hinteren Seite der Pyramide entsprechende Bruchstück hatte
sich unter das vordere und untere in der Weise eingescho-
ben, dass seine Spitze osteophytartig in die Schädelhöhle
und einige Linien tief zwischen Hirnwindungen hineinragte,
und während die Bruchflächen zu ihrem grössten Theil

durch eine dünne, spröde Callusmasse verbunden waren, war
an anderen Punkten diese Vereinigung nur unvollständig
zu Stand gekommen, so zwar, dass sie an 3 Puncten durch
Löcher, deren grösstes etwa 3''' lang und $1\frac{1}{2}$''' breit war,
an anderen durch eine äusserst dünne und durchscheinende
Callusmasse getrennt waren. Die Knochenränder um die
Oeffnungen waren zugeschärft und selbstverständlich stand
hier das verdickte Pericranium mit der Dura mater in
Berührung und war mit ihr verwachsen, so dass die
Schädeldecke nur mit Gewalt abgehoben werden konnte.
Das auffallend leichte Schädeldach war zudem mit der
Dura zu beiden Seiten des Sichelfortsatzes fest verwachsen.
Die harte, prall gespannte Hirnhaut fühlte sich stark fluc-
tuirend an, und nach ihrer Oeffnung flossen 3—4 ℥ klaren
Serums ab. Die erwähnte osteophytähnliche Hervorragung
hatte an der betreffenden Stelle ein Loch in die Dura ge-
rissen; diese von glatten, abgerundeten Rändern umsäumt,
war mit dem Knochenfragment innig verwachsen. Der
Sinus longitudinalis, nach hinten dilatirt, verengte sich
nach vorn zu einem rabenkieldicken Kanal. Ueber der
Höhe der Hirnconvexitaet war die Dura nahezu um's Doppelte verdickt, und die aufgelagerten vollkommenen Pseudo-
membranen liessen sich in Lamellen abziehen. Die weichen
Hirnhäute nicht verdickt; die Pia leicht von der Corticalis ablös-
bar, bis in ihre feinsten Gefässchen stark injicirt und, zumal
zwischen den Hirnwindungen, durch klares Serum weisslich getrübt und verdickt. Längs dem Sichelfortsatz waren die Hirnhäute unter sich verwachsen, so dass die Dura nur unter gleich-
zeitiger Losreissung der anderen Häute abgezogen werden
konnte. Das Gehirn an der Stelle des Schädeleindrucks
etwas abgeplattet, sonst symmetrisch, äusserlich wohl gebaut,
mit zahlreichen Windungen versehen. Die Hirnmasse etwas
zäh, stark serös durchfeuchtet, ihre Gefässe stark injicirt, die Schnittflächen feucht, glänzend, mit zahlreichen
Blutpunkten besprengt.

Die graue Substanz rothbraun, die weisse schmutzig

gelblich, die Ventrikel, besonders die Vorderhörner der
Seitenventrikel bedeutend erweitert, septum pellucid., die
Ammonshörner beiderseits mit der Decke des Ventrikels
verwachsen. Im 4. Ventrikel zahlreiche griesige Granulationen.
Die graue Substanz der Gehirnoberfläche an der Berühr-
ungsstelle mit dem eingedrückten Fragment etwas weicher,
sonst aber durchaus unverändert in Struktur und Textur.
Gehirngewicht 3 ℔ 5 ʒ 5 ϟ. Das Rückenmark, die Anfänge
der Kopfnerven boten nichts Abnormes. Rückenmarksge-
wicht 4 ʒ 3 ϟ. Die grösseren Hirnarterien bis zu ihren
Ursprüngen in atheromatoeser Degeneration begriffen. —
Lungen mit der Costalpleura allseitig verwachsen, an
der Basis Hypostase und Oedem.

Herz beginnende Atherose der Aortaklappen, bedeutende Atherose der Aorta bis in ihre Zweige. Leber etwas
fettig und venös hyperaemisch. Milz geschwellt. Darmcanal und Urogenitalsystem ohne besondere Veränderungen.
Querbruch des caput anatom. des rechten Collum femor. mit
eitriger Zerstörung des Gelenks. —

Beobachtung 17.

P. H. von S., 41 Jahr alt, Kutscher, ohne erbliche Anlage, früher von mässigem Lebenswandel, als Soldat im 23.
Jahr längere Zeit brustleidend, später ganz gesund, erlitt
vor einigen Jahren durch das Durchgehen der Pferde einen
Sturz auf den Hinterkopf mit sofortigen aber bald vorübergehenden Erscheinungen von Gehirnerschütterung. Seither
grosse Reizbarkeit, öfters Schwindel und tremor der Finger.
Die Schrecken der Revolution, durch die er seine Stelle
als fürstlicher Kutscher zu verlieren fürchtete, bildeten wahr-
scheinlich das occasionelle Moment seiner Erkrankung.
Diese begann im Februar 1849 mit häufig sich wiederholen-
den epileptiformen Convulsionen, worauf sich zunehmende
Gedächtnissschwäche und Bewusstseinstörung einstellte. Bald
trat Tobsucht auf, mit der Patient in die Anstalt eintrat.
Deutliche paralytische Erscheinungen, ungleiche Pupillen,
Sprachstörung, Zittern der Hände, Klagen über Summen

wie von einer Mücke im Ohr, Kopfweh, Schwindel. Ende 1849 Convulsionen, die sich im Verlauf 8 Mal, mit grösserer oder geringerer Intensität wiederholten. Die tobsüchtige Erregung wich einer apathischen Ruhe, die bis zum völligen Blödsinn fortschritt; die motorischen Störungen wurden immer deutlicher und ausgebreiteter. Der Kranke verlor Gehör und Sprache, die Harn - und Kothentleerungen erfolgten unwillkührlich. Am 8. März 1851 traten allgemeine Convulsionen auf, die 4 Stunden dauerten, und im darauf folgenden Sopor starb H. am 15. unter bedeutender Dyspnoe. Die Section ergab bedeutende Hyperostose und Sclerose des Schädels, successive Auflagerung von mattweissen, durch zarte, dendritisch verzweigte Gefässrinnen, porösen Knochenschichten, sowohl an Convexität als Basis des Schädels auf der Innenfläche; die Dura sehr injicirt. — Pia getrübt, an einzelnen Stellen mit der Corticalis verwachsen. Wenig Serum im Arachnoidealraum. Corticalis auffallend roth gefärbt, auch die Marksubstanz sehr blutreich und von zäher Consistenz.

In den Ventrikeln wenig Serum. Ependym bereits macerirt. Gehirngewicht 44 ꝫ 2 ʒ. Rückenmark ohne besondere Veränderungen. Hypostatische Pneumonie der unteren Lungenparthien. —

Beobachtung 18.

M. R. von P., Bauer, keiner erblichen Anlage unterworfen, war zur Zeit seiner Aufnahme in die Anstalt (April 1864), 38 Jahre alt. Von Ursachen, die Irresein erfahrungsgemäss zu Folge haben können, liess sich nichts Weiteres ermitteln, als ein Schlag, den ihm ein Pferd mit dem Huf vor 8 Jahren versetzte, der ihn bewusstlos niederstreckte und acht Tag ans Bett fesselte. R. erholte sich völlig; doch litt er seither vielfach an Kopfschmerzen, besonders dann, wenn das Wetter sich änderte, und soll ein reizbares, aufbrausendes Wesen dargeboten haben. Ohne erkennbare weitere Ursachen befiel ihn 3 Monate vor der Aufnahme

Tobsucht, die unter dem Bild einer religiöseu Exaltation
mit grossem, iu Singen, Beten, Predigen sich äusserndem
Bewegungsdrang einherging, und in deren; Verlauf mehrfach
der Wahn ein Heiliger oder ein Kaiser zu werden auftauchte.
Dabei war der Kranke vielfach Stimmen und Visionen entsprechenden Inhalts unterworfen. Die Untersuchung des
Schädels bot keine Spuren einer Verletzung; eben so wenig
fanden sich motorische, Sensibilitäts -, Sinnes- oder Circula-
tionsstörungen. Bis Mitte Mai 1864 war der maniakalische
Paroxysmus soweit abgelaufen, dass R. wieder entlassen
werden konnte. Die bis 1866 über ihn eingezogenen Nachrichten besagen, dass hie und da noch Spuren seines Leidens, rasch vorübergehende Zustände religiöser Exaltation
und Aufgeregtheit, sich zeigen, im Uebrigen sich R. geordnet verhält, und regelmässig seinem Beruf obliegt. —

Beobachtung 19.

B. M. von L., geboren 1829, Zimmermann, ohne erbliche
Anlage, früher gesund und von solider Lebensweise, wurde,
6 Jahr alt, von einem Wagen überfahren und erlitt eine bedeutende Verwundung des Kopfs mit Lostrennung der Schä-
deldecken in ziemlichem Umfang auf dem Stirnbein,
auf welche heftige Erscheinungen von Gehirndruck folgten, die aber nach einigen Wochen verschwanden und
angeblich völliges Wohlbefinden hinterliessen. M. lernte
übrigens schwer in der Schule, und litt in späteren Jahren oft an Congestionen zum Kopf und Klingen in beiden
Ohren.

Im Sommer 1856 erkrankte er unter Schwindel, Kopfschmerz und reissenden Schmerzen in den Gliedern. Der
behandelnde Arzt diagnosticirte hyperaemia cerebri, und nahm
als Ursache zurückgetretene Fussschweisse an. Nach einigen Wochen war dieser Congestivzustand verschwunden.
Im Sommer 1857 trat ein brennender Schmerz im Epigast-
rium mit Praecordialangst auf, und unter reissenden Schmerzen in den Gliedern, Schlaflosigkeit, grosser Verstimmung

bildete sich der Wahn der Verfolgung aus, indem er den Grund der neuralgischen Empfindungen in dem Wahn suchte, dass die Angehörigen ihn durch Sympathie behext hätten. Grosse Gereiztheit, Gewaltthätigkeit bis zu Tobsuchtsausbrüchen waren die Reaction auf den Wahn und die Gefühle, mit deren häufiger Wiederkehr die Aufnahme in die Anstalt im Dezember 1858 nöthig wurde. In der letzten Zeit hatte M. vielfach über Ohrensausen, Schwindel, Kopfschmerz und Congestionen zum Kopf geklagt.

Die Versetzung in die Anstalt beruhigte den Kranken bald. Bäder und Narcotica milderten sehr die neuralgischen Gefühle und führten eine Besserung und Zurücktreten des Wahns herbei. Die Kopfbeschwerden verloren sich. Bei der Untersuchung ergaben sich keine Störungen des vegetativen Apparats. Constant war die linke Pupille weiter als die rechte; auf dem Stirnbein fand sich der Stelle der früheren Verletzung entsprechend ein Knocheneindruck. Am 4. März 1859 entwich M. aus der Anstalt und kehrte nach Haus zurück, wo er sich nach, bis zu Ende 1865, eingezogenen Nachrichten ziemlich gut verhält, seinen Verfolgungswahn beherrscht, und nur wenn zuweilen die früheren neuralgischen Beschwerden wiederkehren, ein gereiztes, aufgeregtes Wesen zeigt und eine drohende Haltung gegen die Umgebung einnimmt.

Beobachtung 20.

K. B., 26 Jahr alt, ohne erbliche Anlage, wurde am 2. Januar 1858 aufgenommen. In seinem 10. Jahr war er auf dem Eise gefallen und ohne äussere Verletzung bewusstlos unter den Zeichen schwerer Gehirnerschütterung gewesen. Er erholte sich von diesem Unfall rasch, blieb aber seither in seiner geistigen Entwicklung zurück und spielte später die Rolle eines Schwachsinnigen in der Gemeinde mit dem Jeder seinen Spass trieb. Wiederholt war er Congestionen zum Kopf unterworfen. Einige Zeit vor der Aufnahme war B. zu Excessen im Trinken durch Leute, welche den Schwachsinnigen foppten und ihm Wein bezahlten, verleitet worden. Die Folge waren mehrere Tobsuchtsanfälle mit grosser Aufregung und Verworrenheit, Schmerzen in der Stirn (Stelle, an welcher früher das Trauma eingewirkt hatte), Schwindel, Ohrensausen und Congestionen, denen jeweils Zustände von Niedergeschlagenheit mit Neigung zum Selbstmord gefolgt waren.

Im Anfang seines Aufenthalts in der Anstalt dauerte die maniacalische Aufregung in mässigem Grad noch einige Zeit fort; wiederholt klagte er Kopfschmerz, Schwindel, Ohrensausen, Funkensehen und Uebelkeit, wobei dann regelmässig Gesicht und Conjunctiva intensiv geröthet waren. Auf den Gebrauch von Eisüberschlägen auf den Kopf und salinischen Abführmitteln schwanden diese Erscheinungen, kehrten aber sofort wieder, wenn M. einmal ein Glas Wein trank. Der Tobsucht folgte ein Stadium apathischen, blödsinnigen Wesens, aus dem Patient sich bis zum Mai 58 soweit erholt hatte um im Statue quo ante die Anstalt verlassen zu können. Zu Hause verhält er sich seitdem ordentlich und meidet alle Spirituosen. Bei körperlichen Anstrengungen oder grosser Hitze befallen ihn oft heftige Kopfcongestionen mit zeitweisem Funkensehen. Der Kranke ist dann etwas aufgeregt, reizbar und leidenschaftlich, doch gelang es bisher durch zweckmässige Beschäftigung und diätetische Ueberwachung ihn vor Rückfällen in sein Leiden zu bewahren.

Beobachtung 21.

B. M. von M., 28 Jahr alt, Bauer, ohne erbliche Anlage, früher gesund und von solidem Lebenswandel, erlitt in seinem 15. Jahr durch den Hufschlag eines Pferdes über der Nase eine heftige Gehirnerschütterung mit Eindruck des Nasenbeins an seiner Wurzel. Er erholte sich völlig, war aber von da an sehr reizbar und wurde schon durch geringe Quantitäten Wein gleich berauscht. Im 17. Jahr,

4 *

bei grosser Hitze, in der Heuernte, brach eine Seelenstörung aus, die sich Anfangs als melancholia religiosa mit
grosser ängstlicher Erregung und dem Wahn, nicht selig
werden zu können, äusserte und in der Folge periodisch
wiederkehrte. Nach 11 jähriger Krankheitsdauer wurde er
in die Anstalt aufgenommen. Hier dauerten die Anfälle fort,
hatten mehrwöchentliche Dauer, und waren von relativ
freien Zeiten, die 14 Tage bis 3 Wochen dauerten, abge-
löst. Der Paroxysmus begann gewöhnlich mit verschiedenen krankhaften Gefühlen, Kälte im Leib, Würgen im
Hals, Schwindel, Brennen und Stechen im Kopf; bald stellten sich Schlaflosigkeit, ängstliche Unruhe, Erscheinungen
der Angehörigen, Wahn verloren, der ewigen Seligkeit ver-
lustig zu sein, und ein Zwang ängstlicher Gedanken ein,
deren er sich durch Beten zu erwehren suchte. Die Tem-
peratur des Kopfs war dabei erhöht, der Puls frequent, der
Stuhl träge, der Urin saturirt. Der Uebergang in die freien
Zeiten, in denen Patient frei von Angst, voll Krankheitseinsicht, und ausser einer gewissen Reizbarkeit und häufigem
Kopfschmerz, ganz wohl war, erfolgte immer ziemlich rasch.
Nach 1 jährigem Aufenthalt in der Anstalt und dem Gebrauch
von lauen Bädern mit kalten Umschlägen auf den Kopf, Laxan-
zen und einer Fontanelle kehrten die Anfälle nicht wieder,
und Patient wurde nach Hause entlassen. Er blieb 11 Jahre
zu Hause, besorgte seine Geschäfte und befand sich in der
ersten Zeit wohl, nur wenn er ein wenig trank, bekam er
vorübergehend heftiges Kopfweh, Schwindel und Verwirrung der Gedanken.

In den letzten 6 Jahren waren die Paroxysmen ganz
in der alten Weise, meist im Frühjahr und Herbst, unter
heftigen Kopfcongestionen wiedergekehrt, so dass er endlich
der Anstalt wieder übergeben werden musste. Er war allmählig schwachsinnig geworden, hatte noch immer Anfälle
von Melancholie ganz in der früheren Weise, und wurde
nach Verlauf von ³/₄ Jahren, nachdem er längere Zeit von
jenen frei geblieben war, nach Hause entlassen.

Beobachtung 22.

J. S. von B., 43 Jahr alt, ledig, Bauer, frei von erblicher Anlage, früher ganz gesund, fiel im 17. Jahr durch ein Heuloch in die Scheune etwa 14' tief auf den Kopf herab. Keine äussere Verletzung. Er stand sofort wieder auf, litt aber die folgenden 3 Jahre viel an Schmerzen im Kopf, die sich aber allmählig verloren. 6 Jahre nach dem Sturz erkrankte er ohne irgend welche äussere Ursachen an Melancholie (schmerzliche Verstimmung, Lebensüberdruss), die auffallend rasch in Blödsinn übergieng. Als S. 1855 in die Anstalt kam, war er schon 20 Jahre gestört, allmählig dem tiefsten Blödsinn verfallen. Das Gedächtniss fast ganz erloschen, die Perception fast gänzlich aufgehoben; der Kranke lag meist apathisch, ganz indifferent zu Bett. Die Gesichtshälften waren ungleich; rechte Hälfte etwas hängend und zeitweise von klonischen Krämpfen ergriffen, die Zunge wich beim Vorstrecken rechts ab. Der Kranke wurde apathisch blödsinnig ungebessert wieder entlassen.

Beobachtung 23.

Mr. S., 37 Jahr alt, Geschäftsmann, ohne erbliche Anlage zu Psychosen, erlitt als Kind eine schwere Kopfverletzung, von der sich eine bedeutende Narbe an der Stirn herdatirt. Mit den Jahren entwickelte sich eine grosse Reizbarkeit, und Nervositaet; er war periodischen Anfällen von heftigem Kopfschmerz unterworfen, und litt häufig an quälendem Gesichtsschmerz. Pecuniäre Verluste und geschäftliche Störungen trafen den thätigen und gewandten Handelsmann in seinem 36. Lebensjahre und erzeugten unter gastrischen Beschwerden, grosser Steigerung der Reizbarkeit und der Kopfschmerzen eine tiefe psychische Verstimmung, aus der sich bald das Bild ängstlicher Aufregung mit Wahnvorstellungen, die dem Gebiet des Verfolgungswahns angehörten, und entsprechenden Hallucinationen sämmtlicher Sinne entwickelte. Dazu gesellten sich heftige Angstzufälle unter den Erscheinungen intensiver Hirncongestion, die den ganzen ableitenden antiphlogistischen Apparat nöthig machten, und ziemlich rasch in den Zustand eines ziemlich ausgeprägten Stupors übergingen. — Als sich der Kranke aus diesem zu erholen begann, trat ein erneuter Angstanfall auf, dem diess Mal eine noch grössere Bewusstseinsstörung und geistige Schwäche folgte. In diesem chronisch gewordenen Zustand wurde Patient einer anderen Anstalt übergeben. —

Beobachtung 24.

A. W., 28 Jahr, ohne erbliche Anlage zu Psychosen, fiel im 20. Jahr von einer Höhe auf den Kopf, und erlitt ausser einer heftigen Gehirnerschütterung eine Schädelfissur auf dem linken Schläfenbein, mit Verletzung der Kopfschwarte, wovon eine jetzt noch sichtbare Narbe herrührt. Er war sofort betäubt, verfiel bald in Irrereden und fieberte, genas aber nach kurzer Zeit. $6\frac{1}{2}$ Jahre lang litt W. an heftigem auf den Genuss selbst geringer Mengen von Wein jeweils sich sehr steigerndem Kopfweh; im Uebrigen befand er sich wohl. —

Von da an, — wohl unter dem deprimirenden Einfluss misslicher ehelicher Verhältnisse —, stellte sich eine Seelenstörung — Tobsucht mit grosser Reizbarkeit ein, die rasch in einen Zustand blödsinniger Abstumpfung überging. Als W., nach $6\frac{1}{2}$ jähriger Dauer des Leidens, in die Anstalt kam, war er noch immer geistig sehr schwach, furchtsam, scheu, weinerlich wie ein Kind, klagte über Schmerzen im Leib und mannigfache hypochondrische Sensationen, in deren Interpretation und Darstellung er grosse Schwäche verrieth. Eine Hauptklage waren Kopferscheinungen, Nebel vor den Augen, Ohrensausen, Anfälle von heftigem Kopfweh mit Congestionen, die offenbar häufig den Patienten heim suchten.

Fieber wurde nie bemerkt. Ueber 2 Jahre verweilte er in der Anstalt, wo es gelang, ihn zur Ordnung und Thätigkeit zu gewöhnen.

Auch seine Kopf- und Unterleibsbeschwerden verloren sich unter Anwendung von Bädern, Fontanelle im Nacken

u. s. w., während die intellectuelle Leistungsfähigkeit keine erhebliche Besserung darbot.

Nachdem sich dieser gebesserte Zustand erhalten hatte, wurde Patient nach Hause entlassen, wo die Besserung noch weitere Fortschritte gemacht haben, und W. zur Fortsetzung seines Berufs wieder fähig geworden sein soll.

Die Fälle von Irresein nach Kopfverletzung, welche wir in der 3. Gruppe unserer Arbeit zusammengestellt haben, unterscheiden sich wesentlich im zeitlichen Anftreten, Verlauf und in der Gestaltung des Krankheitsbildes von denen der 2 ersten Gruppen. Sie sind nur indirecte Folgezustände der Kopfverletzung, die nur eine Disposition zu psychischer Erkrankung sezte, zu der ein weiteres, dem psychischen Leben schädliches Moment hinzutrat und die Störung zum Ausbruch brachte. In der Mehrzahl der Kranken hat diese Disposition ihren organischen Ausdruck in einer geringeren Widerstandsfähigkeit der Hirnmasse gegen Fluxionen zum Centralorgan, die wieder in einer abnormen molecularen Anordnung seiner Elemente oder in einem geringeren Tonus der Gefässe, einer verringerten vasomotorischen Innervation gesucht werden muss.

Auf diesen Zustand verminderter Hirnvitalitaet und geänderter Erregbarkeit des Centralorgans deutet besonders die geringe Widerstandsfähigkeit gegen excitirende Einflüsse, besonders Spirituosen und Gemüthsbewegungen, deren Wirkungen nicht nur leichter eintreten als bei einem gesunden Gehirn, sondern auch tiefer und nachhaltiger einwirken. Die so betroffenen Kranken sind reizbar, aufbrausend und ihre Affecte übersteigen leicht die physiologische Grenze.

Sie sind leicht berauscht und die geringsten, Fluxion erzeugenden Momente sind im Stande, heftige Congestionen zum Hirn hervorzubringen, die dann in verschiedenen sensoriellen und sensiblen Störungen — Kopfweh, zuweilen ausgehend von der Stelle, auf welche das Trauma einwirkte,

Schwindel, Ohrensausen, Ohrenklingeln, Funkenschen Lichtflimmern, neuralgischen Sensationen u. s. w., einen klinischen Ausdruck finden. Die Dauer dieser Periode kann
eine sehr lange sein, und richtet sich offenbar nach der in-
dividuellen Widerstandsfähigkeit des Gehirns, nach der
Häufigkeit, mit welcher schädliche fluxionsbefördernde
Einflüsse dasselbe treffen. Das geistige Leben kann lange
intakt bleiben, oder nur eine leichtere Erschöpfbarkeit dar-
bieten: wird die Kopfverletzung aber in der frühen Jugend
erlitten, so bleibt die geistige Entwicklung leicht stehen,
oder schreitet nur noch mühsam zu einer niederen Stufe
fort, wofür Beob. 19 und 20 Belege abgeben. Die hervor-
tretendsten Erscheinungen dieser Schädigung, welche das
Gehirn durch ein Trauma erlitten hat, gehören aber der
sensiblen Sphäre an. Unter den 9. Fällen unser dritten Gruppe
finden wir am häufigsten Kopfschmerzen, zuweilen periodisch
auftretend, dann subjective Gehörs - und Gesichtsempfindungen,
ein Mal Schwerhörigkeit. Wie fluxionaere Gehirnhyperaemien
und die davon abhängigen Erscheinungen die hauptsächlichsten Störungen sind, welche den Zusammenhang zwischen
Trauma und Psychose vermitteln und erkennen lassen, spielen auch Momente, welche solche Congestionen erzeugen,
als occasionelle Ursachen zur Erzeugung der Psychose eine
grosse Rolle. Excesse im Trinken, Gemüthsaffekte, besonders plötzlich zu Stande kommende, grosse Sommerhitze in
Einem Fall (Beob. 21), sind die accidentellen Ursachen,
auf die wir den Ausbruch der Psychose meist erfolgen sehen,
zuweilen ist es auch der Endeffect wiederholter Congestionen
allein, der sie zum Ausbruch bringt. Wie wichtig diese
klinischen Thatsachen für die Therapie sein werden, wird
sich bei Besprechung dieser ergeben. — Es scheint, dass
die Zeitdauer, bis zu welcher ein Trauma aufs Gehirn eine
Gefahr für dessen psychische Integrität bedingt, eine sehr
lange sein kann und zuweilen fürs ganze Leben fortbesteht.
So dauert der Zeitraum vom Trauma an bis zum Ausbruch
der Psychose in unseren Fällen 3 mal über 20, ein Mal

über 5, und nur 2 mal unter 5 Jahren: — ein langer Zeitraum für eine prophylactische Therapie, wenn einem Arzt
Gelegenheit geboten wäre sie zu üben!

Bezuglich der Form, in welcher die consecutive Psychose zum Ausbruch kommt, zeigen die Fälle unserer 3.
Gruppe bemerkenswerthe Verschiedenheiten von denen der
beiden ersten, wie auch der Verlauf und der Ausgang
wesentlich von jenen abweichen. Der Character der idiopathischen Psychosen prägt sich zwar auch in der 3.
Gruppe deutlich aus, allein die specielle klinische Form ist eine
variable; bald finden wir maniakalische Zustände mit Neigung zu typischer oder auch atypischer Wiederkehr (Beob.
16. 18. 20. 24), bald melancholische , mit Wahnvorstellung
der Verfolgung (Beob. 19. 23.), oder Zustände einfacher psychischer Depression (B. 12. 22.), ein Mal auch
das Bild progressiver Paralyse (B. 17.). Ein specifisches
Krankheitsbild besteht somit nicht bei den Fällen dieser
Gruppe; wir finden kein typisches, diese Gruppe von Psychosen von allen andern unterscheidendes Merkmal, immer-
hin ist aber bemerkenswerth, wie häufig auch im Krankheitsverlauf selbst bis in späte Stadien desselben und weit
in die Reconvalescenz hinein, Congestiverscheinungen auftreten, und Klagen über Kopfschmerz, Schwindel, subjective Gehörs - und Gesichtsempfindungen geäussert werden,
und wie gross die Reizbarkeit und Geneigtheit zu Affecten
bei solchen Kranken ist. —

II. Verlauf, Ausgänge, Prognose. —

Die Frage nach der Prognose der Kopfverletzungen
in Bezug auf Geisteskrankheiten kann in 2 facher Beziehung wichtig werden,

1. insofern man zu wissen wünscht, mit welcher Wahrscheinlichkeit eine Geistesstörung
als Folge einer Kopfverletzung vorauszusehen
ist, und

2. Welche Vorhersage quoad valetudinem
und quoad vitam eine bestehende traumatische
Psychose gestattet.

Schlager hat in seiner erwähnten Arbeit mit dankenswerther Gründlichkeit die Beantwortung der ersten Frage
versucht, ohne aber mehr als einige Anhaltspuncte aus
seinem Material gewinnen zu können. Bei der relativen
Seltenheit *), mit der Psychosen auf Kopfverletzungen folgen, ist zwar das Eintreten dieses schrecklichen Folgeübels
selten zu fürchten, und häufig genug sicht man die gross-
artigsten Hirnverletzungen ohne Gefahr für's psychische Leben verlaufen, aber ein Damoclesschwert schwebt über allen
solchen Fällen selbst durchs ganze Leben.

Weder die Art der verletzenden Ursachen, noch die
Beschaffenheit der Verletzung, noch die unmittelbar auf's
Trauma gefolgten Gehirnerscheinungen boten uns sichere
prognostische Anhaltspuncte, da die verschiedensten Traumen,
leichte und schwere Verletzungen, unbedeutende wie gefahr-
drohende cerebrale Reactionserscheinungen, zu Psychosen

*) Die über 4062 während 20¹/₂ Jahren gearbeitete Statistik von
Illenau weist Tabelle XXII. Blatt 2. nur 55 reine Fälle von
Irresein aus Traumen auf den Kopf auf; darunter 42 Männer, 13 Frauen, und 39 Fälle (26 M. 13 Fr.), wo neben der
Kopfverletzung noch weitere physische oder psychische Ursachen im Spiel waren, in Summa 94. Auch in der Pforz-
heimer Anstalt kamen während dieser Zeit nur wenige Fälle
von traumatischen Seelenstörungen vor, wie uns briefliche
Mittheilungen versichern, so dass, selbst wenn wir annehmen,
dass noch eine grössere Zahl von Irren aus Kopfverletzung
in Baden während dieser Zeit nicht zur Beobachtung der An-
staltsärzte kam, die Frequenz derselben gegenüber der
Häufigkeit, mit welcher Hirnerschütterungen und Kopfverletzungen unter der Bevölkerung Badens vorkamen, eine sehr
kleine ist. Die überwiegende Zahl der Männer, welche nach
solchen Traumen seelengestört wurden, erklärt sich ein-
fach aus der häufigeren Gelegenheit zu Traumen auf den
Kopf, der sie vermöge ihres Berufs ausgesetzt sind, gegenüber
dem weiblichen Geschlecht.

geführt haben. Die individuelle Toleranz des Gehirns
spielt dabei jedenfalls eine bedeutende Rolle, und muss
theils in unbekannten Organisationsverhältnissen, theils in
der Schwächung des Hirns durch frühere Affektionen, Ueber-
anstrengungen, Excesse im Alcohol, erblicher Anlage zu
Hirnkrankheiten u. s. w. gesucht werden.

Wenn aber, auch selbst auf ganz leichte Verletzungen
und blosse Hirnerschütterungen Psychosen folgen können,
wächst jedenfalls die Gefahr für die Integrität des psychischen Lebens mit der Tiefe der Verletzung, obwohl freilich auch ganz gewaltige Verletzungen der Hirnmasse vor-
übergehen können, ohne Spuren zu hinterlassen. *) Kopfverletzungen im späteren Alter scheinen, wie schon Schlager
fand, das psychische Leben mehr zu gefährden, als in früheren Lebensperioden; doch bildet das Kindesalter wieder
eine Ausnahme, indem hier nach Traumen leicht die geistige
Entwicklung nicht mehr vorschreitet. **) Auch aus der Be
schaffenheit der unmittelbar dem Trauma folgenden Reak-

*) Die chirurgische Casuistik in dieser Hinsicht ist übrigens
   mit Vorsicht aufzunehmen, da, wie wir wissen, nach
   vielen Jahren noch die Psychose auftreten kann, und
   leichtere Aenderungen des psychischen Lebens — als leise
   Characteränderungen, grössere Reizbarkeit, leichte Gedächt-
   nisschwäche, raschere intellectuelle Erschöpfbarkeit u. s. w.,
   wohl öfters der Beobachtung sich entziehen.
**) Es wäre nicht unmöglich, dass manche Fälle von Idiotismus
    ihre Entstehung in während der Geburt erlittenen Traumen auf
    den Schädel (Einkeilung des Kopfs, schwere Zangenoperationen)
    finden. Vgl. Bruns op. cit. I. p. 421; Weber, Beiträge z. pa-
    thol. Anatomie der Neugebornen 1851. 1. Lieferung p. 23.
    Michaelis a a. O. p. 269 u. 372. Löwenhardt (Caspor's Wo-
    chenschr. 1836 Nr. 37. p. 393.), der einen Fall von chron.
    Hydroceph. und Idiotismus bei einem Kind, das mit 18 Mona-
    ten vom Arm der Wärterin auf den Boden gestürzt war, be-
    richtet. Vgl. f. Mitchell, traumatic Idiocy, (Edinb. med. Journ.
    april 1866 p. 933 ff.) welcher fand dass 2°/₀ aller Idioten
    Schottlands ihr Leiden äusseren Schädlichkeiten, worunter
    besonders Kopfverletzungen verdankten.

tionserscheinungen von Seiten des Gehirns lässt sich kein
sicherer prognostischer Schluss machen, da sowohl ganz
leichte Commotionssymptome, als die schwersten Erscheinungen von Meningitis und Encephalitis zu Psychosen führen.
Je schwerer übrigens die Gehirnerscheinungen nach dem
Trauma sich gestalten, um so grösser scheint die Gefahr
zu sein. Die Beobachtung von Schlager, dass da, wo einer
Gehirnerschütterung Bewusstlosigkeit oder Unbesinlichkeit
folgt, das psychische Leben mehr bedroht sei, als da, wo
sie nicht eintritt, finden wir nicht durchweg bestätigt. Alle
Symptome — motorische, sensible, sensorielle, welche auf
eine consecutive Erkrankung das Gehirns und seiner Häute
deuten, dessgleichen die häufige Wiederkehr febriler Zustände und Congestivzufälle, trüben die Prognose um so
mehr, je anhaltender und heftiger sie sich einstellen *). Je
längere Zeit seit dem Trauma verstrichen ist, um so geringer ist die Gefahr für's psychische Leben, es steht offenbar der Grad der Wahrscheinlichkeit für die Entstehung
einer Psychose im ungekehrten Verhältniss zur Zeit, welche
seit dem Trauma verstrichen ist, **) ohne dass aber eine abso-
lute Gränze sich bezeichnen liesse, von welcher an eine
Immunität für's psychiche Leben bestände. —

ad 2. Leichter ist die Vorhersage gegenüber der ent-
wickelten Psychose bezüglich ihrer Heilbarkeit und der
Gefährdung des Lebens durch die Krankheit. Wie bei allen
idiopathischen Psychosen, ist die Vorhersage beim traumati-

---

*) Die häufig nach Traumen zu beobachtende Gedächtnissschwäche
bis zu völliger Amnesie, Aphasie, Verlust des Gedächtnisses
für gewisse Vorstellungsqualitäten, verlieren sich übrigens noch
nach Monaten, wie die chirurgische Casuistik zur Genüge nach-
weist. vgl. Bruns op. cit. p. 761 u. ff Viel grösser ist die
Gefahr für psychische Leben, wenn Congestionen, Kopfschmerzen u. s. w. periodisch wiederkehren und habituell werden. —

**) Unter den 49 Fällen, welche Schlager zusammenstellte erfolgte der
Ausbruch der Psychose 19 mal binnen 1 Jahr, 10 mal binnen
2, 9 mal binnen 3, 6 mal binnen 5, 5 mal nach dem 5. Jahr
der Verletzung.

schen Irresein eine trübe. *) Vollkommen hoffnungslos ist sie
in den 5 Fällen unserer ersten Gruppe, wo nur 2 Mal Ausgang in bleibenden Schwachsinn erfolgt, in den übrigen
3 Fällen progressiver apathischer Blödsinn mit oder ohne
Paralyse eintritt. Einen ganz ähnlichen Ausgang weisen die
von andern Beobachtern aufgeführten Fälle auf. Nicht minder
traurig gestaltet sich die Prognose in der 2. Gruppe, wo
unter 10 Fällen nur 2 dauernd gebessert werden, 4 völligem
Blödsinn anheim fallen und 4 der progressiven Paralyse
erliegen. Der Verlauf ist in der Mehrzahl dieser Fälle ein
mehr oder weniger rascher, progressiver.

Wesentlich anders ist der Verlauf und die Prognose
bei den Fällen unserer lezten Gruppe, obwohl auch hier der
idiopathische Character des Leidens sich deutlich ausspricht.
Unter unsern 9 Kranken findet sich zwar kein Fall von vollständiger Genesung, wohl aber mehrere von bedeutender
und andauernder Besserung, 7 mal Ausgang in stationären
Schwachsinn, 1 mal in apathischen Blödsinn, 1 mal dementia paralytica.

Was die Prognose quoad vitam betrifft, so ist sie jedenfalls ungünstiger als bei vielen durch andere aetiologische
Momente hervorgerufenen Psychosen. Sehen wir ab von
dem Fall Nr. 16, wo der Tod zwar durch einen serösen Er-
guss, nach 10 jähriger Krankheitsdauer, im Gehirn herbei-
geführt wurde, aber nicht als directe Folge des Kopfleidens
angesehen werden kann, so bleiben 6 Fälle übrig (25%),
in denen der Tod als Folge der durch das Trauma bewirk-
ten Gehirnerkrankung angesehen werden muss. In allen
diesen Fällen (Beob. 2. 6. 7. 8. 11. 17.) tritt der tödliche
Ausgang im 1.—6. Jahr der Krankheit (Dementia paralytica)

---

*) Vgl. Morel, traité des maladies mentales; p. 144. Schlager,
(op. cit.) fand bei seinen 49 Fällen nur 26 mal Besserung,
die in 17 Fällen nur eine ganz vorübergehende war, und 7
Mal den Ausgang in Blödsinn mit Paralyse. —

ein, während in den übrigen allerdings die die Psychose
bedingende Gehirnaffektion keinen erkennbaren Einfluss auf
die Lebensdauer der Erkrankten gewinnt.

III. Pathologisch - Anatomisches.

Das pathologische Material der traumatischen Psychosen
ist weniger reichhaltig als das klinische, und leider war es
uns nicht möglich, durch eine grössere Zahl von Sectionen
zur Ausfüllung dieser Lücke beizutragen. Eine hervorragende Rolle spielen jedenfalls chronisch meningitische
und encephalitische Processe bei den traumatischen Psychosen.

Bald sind sie reine Folgen des Reizes, den die Erschütterung des Trauma setzte, bald sind sie fortgeleitete Processe von circumscripten Erkrankungen des Schädelgehäuses,
der Meningen oder des Gehirns (apoplectische Heerde, Er-
weichungsprocesse, Hirnabscesse), bald sind es beständig
sich wiederholende Congestivzustände, welche sie hervor-
rufen.

Im Allgemeinen entsprechen übrigens den klinischen
Erscheinungen der traumatischen Psychosen, selbst wenn
die einzelnen Fälle sehr einander ähneln, keine constanten
pathologisch-anatomischen Befunde, sowenig als bei anderen
durchaus organischen, idiopathischen Psychosen, (Delir. acut.
dem. paral.) ein Beweis dafür dass wir eben erst die causa
remota krankhafter psychischer Processe kennen. Am leich-
testen liesse sich noch unsre erste Gruppe der traumatischen
Psychosen auf acute molekuläre, meningitische und encephalitische Processe, die zweite auf chronisch entzündliche Veränderungen der Dura, Pia und der Grosshirnhemisphären,
die dritte auf circulatorische Störungen in der Schädelhöhle,
die schliesslich ebenfalls chronische Processe in den genannten Theilen erzeugen, pathologisch anatomisch begründen
ohne aber damit 3 verschiedne anatomische Formen aufstellen zu wollen.

In überraschender Häufigkeit stellte sich der Befund der periencephalo-meningitis diffusa chronica, dem denn auch regelmässig das klinische Bild der allgemeinen progressiven Paralyse entspricht, *) der Beobachtung dar. (s. Beob. 6. 7. 8. 17.) Weniger übereinstimmend ist der Befund in den übrigen Fällen; doch sind es vorwiegend Processe an den Schädelknochen(Hyperostose **) Sklerose), der Dura (pachymeningitis externa) mit Verwachsung der Membra mit dem Schädel und bedeutender Verdickung derselben.(Beob. 9. 16), während gleichzeitig die weichen Häute meist consecutive

---

*) Schlager , op. citat; s. Beob. 4. 5. 8.
**) Meniere (Archives gén. do méd. 1829. t. XIX p. 349 cit. v. Bruns p. 534). Ein 56 jähriger Mann, welcher in Folge einer Wunde mit Eindruck des linken Stirnbeinhöckers geisteskrank geworden war, stürzte eines Tags durch ein Fenster 8 Fuss hoch auf den Boden hinab und starb nach 13 Std. Bei der Section fand sich, abgesehen von den frischen Verlezungen an dem Rumpfe, dass der linke Stirnhöcker auf der inneren Schädeloberfläche einen Vorsprung von mindestens 5''' und 1'' in der Circumferenz bildete; der betreffende Gehirnlappen hatte eine entsprechende Vertiefung ohne jedoch in seiner Substanz oder seinen Häuten verändert zu sein. Einen analogen Fall veröffentlicht Emmert (Lehrb. d. Chirurg. 1851 Bd. II. p. 65) von einem 22 j. Landmann , der nach einer Schädelverlezung mit Knochensplittern an Kopfschmerzen ausgehend von der Narbenstelle, Schwindel litt, an Gedächtniss einbüsste und in Melancholie verfiel. E. vermuthete eine Enostose und trepanirte die wulstige Narbenstelle welche sich auf dem rechten Stirnbeinhöcker fand, aus. Das austrepanirte Knochenstück hatte eine ungewöhnliche Dicke und zeigte auf der innern Fläche so ziemlich dem äusseren Knochenwulst entsprechend, eine quer stehende 2''' vorragende, 4''' breite, 8''' lange, nach den Rändern zu sich unmerklich abflachende Knochenleiste. Diploë an dieser Stelle grösstentheils verschwunden und das Gewebe sklerosirt. Dura mater unverändert. Sechs Wochen darauf vollständige Vernarbung und angeblich Wiedergewinnung der frühern Gesundheit.

Trübungen, Verdickungen und ödematöse Durchtränkung erfahren haben *). (Einfache meningitische Formen.) Den Fällen von Jahrelang bestandenem und hochgradig gewordenem Blödsinn entsprechen Atrophie der Hemisphären mit grösserem oder geringerem hydrocephalus e vacuo ext. et int. — Unter den 6 Fällen unserer Abhandlung, welche zur Section kamen, fanden sich 3 Mal Schädelverletzungen, 1 Mal ein Splitterbruch der inneren Glastafel (Beobacht. 6), 2 Mal Impressionen (Beobachtung 7, 16), 3 Mal keine Spur einer Verletzung, woraus ein weiterer Beleg sich dafür ergeben dürfte, dass sowohl schwere als leichte Schädelverletzungen Psychosen zur Folge haben können. Haben doch auch glaubwürdige Beobachter Fälle sowohl von Psychosen als Todesfälle nach Kopfverletzungen konstatirt, wo gar keine anatomische Läsion sich bei der Nekropsie ergeben haben soll und nur moleculäre Veränderungen der Gehirnmasse als causa morbi oder mortis annehmbar waren **).

Verhältnissmässig selten finden sich heerdartige Processe in den Hemisphären (Beobachtung 7) ***).

----

*) Schlager, Beobachtung 1, 3, 6; Ellis on insanity p. 48.

**) s. Bruns, specielle Chirurgie p. 751. Griesinger, Lehrb. II. Aufl. p. 181.

***) Schlager, loc. cit. Beobachtung 5: Fall von gelbem Erweichungsheerd im hintern Theil der rechten Grosshirnhemisphäre eines Paralytischen, und Beobachtung 10, wo der Seitentheil des rechten Mittellappens einen wallnussgrossen Substanzverlust darbot, der durch gelbliches, zwischen den verdickten Arachnoidealblättern angesammeltes Serum ausgefüllt war, und wo das Hirn von da an bis in's Unterhorn zu einer bräunlich-gelblichen, fest mit der Pia verwachsenen Schwiele degenerirt war. s. f. Gama op. cit. p. 249 (Bruns p. 895). Ein Soldat hatte im August 1823 einen Splitterbruch des linken Stirnbeins mit Eindruck in Afrika durch Herabstürzen erlitten, in Folge dessen er 17 Tage lang bewusstlos geblieben war. Allmählig Schmerzen an der Stelle

IV. Therapie.

Mit der Erkenntniss, dass wir es in den traumatischen
Psychosen mit schweren idiopathischen Gehirnveränderungen
meistens zu thun haben, werden die therapeutischen Hoffnungen
und Bestrebungen auf ein bescheidenes Mass beschränkt.
Gleichwohl fordern sie eine Besprechung, und liefern auch
die bisher versuchten Heilmittel wenig Anhaltspunkte für die
Therapie, so lässt sich doch für die Zukunft von einer pro-
phylactisch hygienischen und diätetischen Behandlung in
manchen Fällen etwas erwarten. Am engsten begränzt ist
jedenfalls das Feld ärztlichen Wirkens in den Fällen unserer ersten Gruppe, da wo es sich um schwere molekuläre,
acut meningitische oder encephalitische Processe handelt.
Die Behandlung wird Anfangs gegen die unmittelbaren Folgen des Trauma, gegen die Erscheinungen der Gehirnerschütterung, des Drucks, der Entzündung des Gehirns ge-
richtet sein und später, wenn die Zeichen eines geistigen

<hr />

der Verletzung, die im April 1824 äusserst heftig wurden;
zugleich Abnahme des Sehvermögens. Im Juni zunehmende
Schmerzen, plötzliche Erblindung, mit der die Schmerzen verschwunden sind. Allmählig Abnehmen der geistigen und
körperlichen Kräfte, epileptische Krämpfe, Verlust der Mus-
kelkraft, Tod im Mai 1826. Section: Auf der vorderen
Oberfläche beider Hemisphären Verwachsung zwischen Arachnoidea und Dura mater, besonders innig unter der Bruch-
stelle. Erweichung beider Vorderlappen des Gehirns in un-
gleichem Grad ausgesprochen; an der Stelle des Bruchs im
betreffenden Stirnlappen fand sich ein gelbgrüner fester Körper in Form und Grösse eines Taubeneies mit unregelmässi-
gen Fortsetzungen, zusammenhängend mit den Hirnhäuten,
und in seinem Innern deutliche Granulationen; die Hirnsub-
stanz um ihn herum verändert und von einer gefässreichen
Membran ausgekleidet, welche ihn wie in eine Cyste ein-
schloss: die Sehnerven ganz atrophisch.

Zerfalls sich kundgeben, sich darauf beschränken müssen, die Ernährung und Circulation des Gehirns zu fördern und Reize und Schädlichkeiten von ihm fern zu halten. Die Erfüllung der letztern Indication wird die Beseitigung aller Momente die Congestionen zum Gehirn befördern, erfordern. Eine gute Pfleganstalt dürfte bei der Geneigtheit solcher Kranker zu Affekten vermöge ihrer Reizbarkeit, und bei der Gefährlichkeit von Alcoholexcessen für ihr Leiden, von grossem Werth sein und durch ihre psychische und körperliche Hygiene, durch beruhigende, ableitende Bäder, Sorge für das normale Vonstattengehen der Excretionen noch am meisten dem Kranken leisten. Die Gefahr und Schädlichkeit von Congestionen für's Gehirn dürfte die Anwendung von Excitantien und Reizmitteln zur Hebung der Apathie und des Stumpfsinns bedenklich erscheinen lassen. Mehr als Phosphor, Arnica u. dgl. dürften Ruhe, gute Nahrung und vorsichtig angewandte Regendouchen leisten. Die Anwendung von Derivantia kann vorübergehend eine Anwendung bei heftigen Congestionen finden, von der Einreibung der Autenrieth'schen Salbe und ähnlichen Proceduren dürfte ebensowenig ein Erfolg wie bei den übrigen Psychosen zu erwarten sein.

Auch eine Trepanation der Knochenstelle, auf welche das Trauma einwirkte, selbst wenn eine ganz circumscripte Veränderung hier angenommen werden kann, dürfte auf den Verlauf der Psychose ebenso wenig einen günstigen Einfluss üben, als in den analogen Fällen von Epilepsie und epileptischer Manie, in denen man sie schon unternommen hat*), da in der Regel schon eine Reihe consecutiver Veränder-

---

*) Siehe Skae, op. cit. Beobachtung 3; vergl. auch Bruns, spec. Chirurg. I, p. 1058, über die Indication zur Trepanation in solchen Fällen; s. ibid. p. 1046—48, wo mehrere durch die Trepanation angeblich geheilte Seelenstörungen erwähnt sind; s. Emmert, Lehrbuch der Chirurgie p. 65 (oben S. 63.)

ungen vor dem Sitz des Trauma aus entstanden sind, die
der Trepan nicht heben kann. Wesentlich dieselben therapeutischen Vorschriften lassen sich für die Fälle unserer
zweiten Gruppe aufstellen, nur sind hier, wo wir es mit
chronischen Congestivzuständen und schleichend verlaufen-
den Entzündungsprocessen zu thun haben, die therapeutischen Hoffnungen günstiger. Die Pflege einer guten Anstalt
mit ihrer Ruhe, prolongirten Bädern, Eisüberschlägen wird
hier durch Nichts zu ersetzen sein und dürfte um so mehr
der Hoffnung Raum geben, je früher der Kranke ihr übergeben wird. Die fortgesetzte Anwendung von Derivantia,
selbst Fontanellen und Haarseilen im Nacken mögen hier
eine Indication finden, die zeitweise heftigen Congestionen
die Aufbietung des ganzen ableitenden und sedativen Apparats mit Einschluss der Digitalis, der Blutentziehungen, der
örtlichen Anwendung der Kälte, der Ableitungen auf den
Darmcanal durch Mittelsalze, Calomel u. s. w. nöthig machen. Entschieden das grösste Feld ihrer Thätigkeit hat
die Therapie in der dritten Gruppe, wo nur eine Prädisposition zur Vorsicht auffordert und occasionelle Momente
zum Ausbruch der Krankheit erforderlich sind. Leider liegt
aber die so wichtige prophylactische Therapie selten in der
Macht des Arztes, der erst dazu kommt, wenn das Leiden
seine Verheerungen gemacht hat. Vielleicht haben die
Aerzte in der Privatpraxis Gelegenheit, die wichtigen Winke,
welche Flemming (op. cit. p. 111) bezüglich der von Kopf-
verletzungenen Genesenen gibt, zu beherzigen und durch
Regelung eines normalen Kreislaufes im Hirn und Bekämpf-
ung von entzündlichen Reizen und Congestionen der möglichen Psychose vorzubeugen. Die Thatsache, dass eine erlittene Kopfverletzung das Gehirn Zeitlebens zum locus mi-
noris resistentiae machen kann, ist zu wichtig, um nicht bei
der Wahl des Lebensberufs in Betracht zu kommen und zur
sorgfältigsten psychischen und körperlichen Diätetik aufzu-
fordern. Besonders dürften Alcoholexcesse zu vermeiden
sein, da in einigen unserer Fälle offenbar die häufigere Wie-

5 *

derkehr solcher Excesse das veranlassende Moment für den
Ausbruch der Psychose war. Bei der Behandlung des ent-
wickelten Irreseins dürfte die grosse Disposition zu Congestionen in erster Linie Berücksichtigung finden und die
Wahrscheinlichkeit entzündlicher congestiver Processe im
Gehirn zur Anwendung ableitender, die Circulation und den
Gefässdruck herabsetzender Mittel vorzugsweise auffordern,
eine Mahnung, die besonders auch da, wo die Reconvalescenz und Genesung eingetreten sind, eine fortgesetzte Würdigung verdiente. —

C. Forensischer Theil *).

Die auf Gehirntraumen folgenden Psychosen bieten viele
Berührungspuncte für die forensische Medizin, zugleich aber
auch manche Momente des Zweifels und der Unsicherheit
der Beurtheilung. Es ist unläugbar, dass traumatischen Einwirkungen auf's Gehirn eine nicht zu unterschätzende Bedeutung für die Ausbildung von Störungen des Seelenlebens
beigelegt werden muss, aber in einer noch grösseren Zahl
von Fällen hat gewiss Casper (Lehrb. biol. Thl. p. 471)

---

*) S. Pichler, Lehrb. d. ger. Med. 1861 §.37.
Casper, Hdb. Biol. Thl. p. 293, 471;
Fälle s. Gall, sur les fonctions du cerveau t. IV.
(Fall eines Menschen, der, nachdem er trepanirt war, einen un-
widerstehlichen Stehltrieb zeigte.)
s. Vering, psych. Heilkde (1821 Bd. II Th. 2 p. 91, ähnlicher
Fall von Stehltrieb nach Kopfverletzung. s. f. Fall von krank-
hafter Stehlsucht, Spielmann, Diagnostik p. 457 (Americ.
Journ. 1830.)
Maschka, Sammlung gerichtsärztl. Gutachten Prag 1853 No. 4,
5, 8.
Henke, Zeitschrft. 1855, 3. (Schmidt's Jahrb. Bd. 91 p. 241.)
Skae, op. cit. Beob. 5, 6 Dagonet, rapport méd. légal
sur l'état mental de la fille Mélanie Ott (Annal. méd. psych.)
Paris 1858.
Adamkiewicz, Vierteljahrsschrft. f. ger. Med. 1865 Hft. 1,
p. 1; ibid. 1867, Hft. 1. —

Recht, wenn er behauptet, „dass bei angeschuldigten oder
vorgeblichen Geisteskrankheiten kaum ein anderes Moment
in der Praxis missbräuchlicher vorgebracht wird, als Kopfverletzungen, und oft genug mit Ostentation auf eine kleine
Narbe am Kopf hingewiesen wird, wie dergleichen bei Tau-
senden aus den Kinderjahren mit hinübergenommen vor-
kommt, ohne dass die geringste Rückwirkung der ehemali-
gen Verletzung vorgekommen war." — Auf der andern Seite
ereignet es sich aber auch, dass selbst eclatante Fälle von
Geistesstörung aus Kopfverletzung forensisch nicht gewürdigt
werden. So erzählt Dr. Beck, Elemente der ger. Medicin,
Weimar 1827 (Henke's Zeitschrift 1835 H. 11 p. 270) den
Fall eines Mannes, der wegen Mords seiner Frau vor den
Gerichten von Massachusets stand. Nach den Zeugenaussa-
gen hatte er vor mehreren Jahren eine schwere Kopfverletzung erlitten. Er wurde zwar geheilt, aber die Folgen waren so, dass er zuweilen an Wahnsinn (periodische Tobsucht?) litt. In solchen Perioden klagte er sehr über seinen Kopf. Der Genuss geistiger Getränke führte unmittelbar die Rückkehr der Paroxysmen herbei, und in einem solchen Anfall ermordete er die Frau. Er wurde zum Tod
verurtheilt.

Die Beurtheilung des Einflusses früherer Kopfverletzungen auf's psychische Leben ist immer eine schwierige.
Wir dürfen nicht vergessen, dass selbst ganz unbedeutende
Traumen schwere psychische Störungen nach sich ziehen
können; wir sehen umgekehrt die schwersten Gehirnverletz-
ungen ohne irgend eine Gefährdung der Integrität des See-
lenorgans verlaufen. Die Art der Verletzung, der unmittelbaren Symptome nach derselben, gibt uns keine sicheren
prognostischen Anhaltspuncte; ein langer Zeitraum kann zwischen Trauma und Psychose liegen, für den uns kaum eine
Anamnese zu Gebote steht, schädliche anderweitige Einflüsse
können das Gehirn während dieser Zeit getroffen haben,
Heredität zur Geistesstörung kann im Spiel sein —, gleichwohl kann der Gerichtsarzt in die Lage kommen, sich aus-

sprechen zu müssen, ob und welcher Zusammenhang zwischen der Verletzung und einer später aufgetretenen Psychose stattfindet; er soll bestimmen, ob und welcher bleibende Nachtheil aus einer Kopfverletzung für das geistige Leben sich erwarten lässt oder wirklich entstanden ist.

Auch die criminelle Beurtheilung des psychischen Zustandes von Solchen, die früher eine Kopfverletzung erlitten haben, kann auf beträchtliche Schwierigkeiten stossen, obwohl es hiebei weniger auf die Werthschätzung und Feststellung der Causalmomente, als auf die Beschaffenheit des psychischen Zustandes zur Zeit der That ankommt. Die gerichtliche Medizin muss sich hüten, zu einer medicina excusatoria sich zu machen, und den Einfluss früherer Kopfverletzuungen zu überschätzen. Eine frühere Kopfverletzung, wenn sie nicht psychische Folgen hinterlassen hat, kann in foro nicht als Entschuldigungsgrund angezogen werden; denn als Regel gilt, dass eine Körperverletzung das psychische Leben intakt lässt, aber die psychischen Folgen können so wenig klar zu Tag liegen, die Störung kann sich so latent entwickelt haben, sie kann sich so unter der Maske der Leidenschaft, der Affekte, der Unsittlichkeit zeigen, dass Gefahr ihrer Verkennung unterlauft.

Zu den psychischen Folgezuständen traumatischer Einflüsse auf's Seelenorgan, die leicht verkannt werden, gehören vorzüglich die Fälle unserer zweiten Gruppe, jene Fälle von latent beginnendem, langsam zunehmendem Schwachsinn mit grosser Reizbarkeit, jene an's Bild der moral insanity erinnernden, allmählig sich ausbildenden unsittlichen Neigungen und Triebe, mit denen eine fortschreitende Umwandlung des Characters, nach der schlimmen Seite hin, Platz greift. Schwierig können ferner für die forensische Beurtheilung jene langen prodromalen oder stationären Zustände von geringer Widerstandsfähigkeit des Gehirns gegen Reize sein, infolge deren Affecte, Alcoholexcesse oder sonstige, Congestionen befördernde Potenzen, ganz andere Wirkung als bei normalem Gehirn üben und leicht unfreie

Zustände vorübergehend erzeugen. Die Bedeutung der
Kopfverletzungen für die Erzeugung einer geringeren Widerstandsfähigkeit des Gehirns gegen Gemüthsbewegungen und
Spirituosen hat man offenbar bei der Beurtheilung im Affekt
und Rausch begangener Handlungen bisher zu wenig be-
rücksichtigt. Die richtige Würdigung all dieser Verhältnisse
macht eine genaue Kenntniss des klinischen Zusammenhangs
der Psychosen mit Traumen wünschenswerth, sie legt aber
in civilrechtlichem Interesse, zur Ermittelung des etwaigen
ätiologischen Zusammenhangs einer Seelenstörung mit einem
Trauma die Frage nahe, ob das Irresein nach Trauma specifische Kriterien hat, vielleicht eine specifisch nosologische
Form ist? Leider müssen wir nach unserer Erfahrung diese
Frage verneinen, da die verschiedensten Formen psychischer
Erkrankung durch Gehirntraumen gesetzt werden; doch
lässt sich nicht läugnen, dass es gewisse Symptome bei
traumatischen Psychosen gibt, die zwar, einzeln für sich
betrachtet, nichts Specifisches haben, in grösserer Zahl aber
zusammen nachgewiesen mit ziemlicher Wahrscheinlichkeit
auf das eigenthümliche ätiologische Moment zurück zu
schliessen gestatten. Zu diesen diagnostisch bemerkenswer-
then Zeichen möchten wir rechnen:

1) Die auffallende, oft progressive Gemüthsreizbarkeit,
die sich kaum bei einer andern idiopathischen Psychose so
ausgeprägt und in allen Stadien des Verlaufs so wiederfin-
det wie bei den traumatischen. Sie bedingt die heftigsten
Affekte bis zu Wuthanfällen und ist die Quelle der meisten
Gewaltthaten.

2) Die gegen früher bedeutend herabgesetzte Widerstandsfähigkeit des Gehirns gegen Excesse aller Art, besonders gegen Spirituosen.

3) Die grosse Geneigtheit zu fluxionären Hyperämieen
des Gehirns.

4) Die grosse Häufigkeit gewisser Hyperästhesieen und
subjectiver Empfindungen der Sinnesorgane (Auge, Ohr.)

5) Die Häufigkeit abnormer Sensationen in der Schä-

delhöhle (Gefühle von Schwindel, Kopfweh, Graben u. s. w.) nicht selten localisirt auf die Stelle, an welcher das Trauma einwirkte, oder ausgehend von dieser.

6) Das nicht seltene Fortbestehen von Lähmungen motorischer und Sinnesnerven, oder selbst deren Zunahme, als Zeichen einer fortbestehenden, durch's Trauma bedingten Gehirnerkrankung.

7) Die Fortdauer oder zeitweilige Wiederkehr von auf die traumatische Ursache beziehbaren anderweitigen cerebralen Symptomen, wie apoplectischen und epileptischen Zufällen.

8) Gewisse Eigenthümlichkeiten des Verlaufs. Das ausnahmslos sich findende Bild eines primären Blödsinns da, wo die Psychose sich unmittelbar an die Zufälle, welche die Verletzung setzte, anschliesst, mit vorwaltenden motorischen Störungen, extremer Herabsetzung aller psychischen Processe; das eigenthümliche prodromale Stadium, das die Seelenstörung in den Fällen der zweiten Gruppe einleitet, mit vorwaltenden Erscheinungen von Seiten der Sinnesorgane, der Sensibilität und der psychischen Functionen in der Weise einer zunehmenden sittlichen Depravation, Schwachsinnigkeit und Gemüthsreizbarkeit. Wir hoffen damit einige Anhaltspuncte für die forensische Beurtheilung fraglicher Seelenstörungen aus Kopfverletzungen gewonnen zu haben, verkennen aber damit nicht die Schwierigkeit für manche Fälle, in denen die Anamnese der Verletzung und des folgenden Zeitraums eine dürftige, dieser selbst ein langer ist, den Einfluss einer früher erlittenen Kopfverletzung auf's psychische Organ richtig zu bemessen. Immer wird es Fälle geben, wo ein ganz stationärer Zustand nur mässigen Schwachsinnes und krankhafter Zornmüthigkeit die Folge des Trauma ist und nur schwer dem Laien als krankhaft sich geltend machen lässt. Die Erforschung etwaiger Anomalien des Characters, die Vergleichung des jetzigen Menschen mit dem früheren, die Prüfung der gesammten motorischen und sensiblen Functionen, das Verhältniss der Cir-

culation mit besonderer Berücksichtigung etwaiger Congestionen, die Reactionsweise des Gehirns gegen Spirituosa,
die Prüfung, wie sich die gesammten intellectuellen Lei-
stungen verhalten, ob sie nach einer fraglichen Kopfverletzung nicht in ihrer Entwickelung stehen geblieben, oder eine
Einbusse erlitten haben, die Vergleichung des gegenwärti-
gen Zustands der Gemüthsreizbarkeit gegen früher: — All
diess muss genau erforscht werden, um vor der Gefahr der
Uebersehung solcher krankhafter Folgezustände traumatischer Einwirkungen auf den Schädel sicher zu stellen. Die
Beurtheilung wird um so sicherer werden, je mehr die Ent
stehung dieser krankhaften Erscheinungen sich der Zeit des
Trauma nähert, je mehr ein Verlauf an ihnen nachweisbar
ist, (Progression, gegenseitiger Zusammenhang, periodische
mit anderweitigen Cerebralsymptomen verbundene Wiederkehr), die krankhaften Erscheinnngen der Stelle des
Trauma entsprechen, von ihr ausgehen, und anderweitige,
für die Entstehung von Seelenstörungen wichtige Momente
sich ausschliessen lassen.

Bezüglich der Beurtheilung der Schwere einer Kopfverletzung, sollte der Gerichtsarzt immer die Thatsache im
Auge haben, dass eine an und für sich leichte Verletzung
erwiesenermassen, wenn auch nur in seltenen Fällen, eine
Seelenstörung herbeiführen kann, und wenn nur irgendwel-
che prodromale Erscheinungen diesen Ausgang befürchten
lassen, auf diese Gefahr hinweisen und sein Gutachten
darüber in suspenso lassen. — Auch die Annahme, welche
sich hie und da in Gutachten findet, dass ein ursächlicher
Zusammenhang zwischen Kopfverletzung und gefolgter Seelenstörung sich nicht annehmen lasse, weil erstere eine ganz
leichte war, bedarf nach Dem, was wir über die Prognose
(s. oben) angegeben haben, einer Berichtigung.

Ueber die Prognose einer bestehenden traumatischen
Geistesstörung giebt das gleiche Capitel ausreichende Aus-
kunft.

Die Art der Störung beim traumatischen Irresein, der

mehr oder weniger entwickelte Schwachsinn mit bedeutender Gemüthsreizbarkeit macht verbrecherische Handlungen
häufig. Besonders sind es im Affekt begangene Gewaltthaten, Todtschlag u. s. w., wovon der Fall, Beob. 25, ein
passendes Beispiel giebt. Es liegt auf der Hand, dass, bei
der an und für sich schon grossen Gemüthsreizbarkeit solcher Kranker, die Affekte gewaltig, und da ihnen das ge-
schwächte Ich kein Gegengewicht setzen kann, überwälti-
gend sein werden. — In der prodromalen Periode der Fälle
der zweiten Gruppe sind es vorzugsweise Raufhändel, öf-
fentliche Ruhestörungen, Verletzungen der Sittlichkeit und
sonstige polizeiliche Vergehen, die beobachtet werden. Wir
kennen den Fall eines Kranken, bei dem die Störung, bald
nach einer bedeutenden Kopfverletzung, mit Diebstahl, Bettel, sexuellen und Alcoholexcessen, Vagabondage und Rauf-
händeln begann. Er wurde, nach unzähligen polizeilichen
Massregelungen, in ein Arbeitshaus gebracht, bis man dort
sich überzeugte, dass er seelengestört sei, und ihn endlich
der Irrenanstalt übergab, in der er nach 7 Jahren starb.
Die Section ergab eine Pachymeningitis externa, die zu fester Verwachsung der Dura mit dem Schädel geführt hatte
und eine chronische Entzündung der Pia.

Aehnliche Fälle aus seiner Erfahrung berichtet Flemming (Allg. Zeitschrift für Psychiatrie IX p. 380 ff.) —

In Einem Fall handelte es sich um einen Beamten, bei
dem sich das Leiden langsam mit Unzufriedenheit mit seiner Stellung und unaufhörlichem Queruliren um Gehaltsver-
besserung, Aufsätzigkeit gegen die Vorgesetzten entwickelt
hatte, und dessen wahre Quelle und krankhafter Character
erst nach ernstlichen Disciplinarstrafen erkannt wurde. Einen
ähnlichen Fall bietet Beobachtung. 8. Sie fordern zur Vorsicht und sorgfältiger anamnestischer Forschung in ähnlichen Fällen auf. —

Beobachtung 25. Nach einer Kopfverletzung auf-
getretener Schwachsinn. Erschiessung des Nachbars im Affekt.

Am 12. September 1850 erschoss der 31 Jahr alte, ver-
heirathete Taglöhner J. L. seinen Nachbar und Vetter H.,
und stellte sich nach der That sofort den Gerichten.

Um 11 Uhr Morgens war L., um Wasser zu holen, aus
seinem Haus gegangen, als die Frau des Getödteten ihrem
Mann zurief: „Guck nur, was der Narr wieder lacht." —
L. erwiederte den als bösen Nachbarn bekannten Eheleuten:
„Wenn ich ein Narr bin, so seid ihr noch viel grössere Nar-
ren; Ihr stehlt Alles zusammen." — H. griff nun zu einer
Haue, L. zu einem Dreschflegel. Es entspann sich ein Ge-
fecht, ohne dass Einer den Andern traf. L. geht zurück in
sein Haus, der Nachbar tritt an sein Fenster, höhnt ihn und
verspricht ihm, dass er, ehe 3 Tage vergehen, seine Prügel
erhalten soll. — L., aufgebracht darüber, greift nach einer
Pistole, H. ruft höhnend: „Da schiess!" und stellt sich unter seine, auf der gegenüberliegenden Seite der Strasse be-
findliche Hausthür. L. schiesst, und H. fällt, tödtlich getroffen, zu Boden. Die Kugel war 3" nach Aussen vom
Sternum zwischen 6. und 7. Rippe eingedrungen, hatte die
Pleura, den Herzbeutel geöffnet, den linken Ventrikel durch-
bohrt, den untern Rand der rechten Lunge gestreift und im
rechten Pleurasack sich festgesetzt. H.'s Tod erfolgte fast
unmittelbar. L., heftig erschrocken, eilte zum Bürgermei-
ster und überbrachte ihm die Pistole. H. war ein mauvais
sujet gewesen, hatte L. beständig geneckt und gereizt und
ihm oft schon gedroht, er werde ihn noch todtschiessen.
Die Feindschaft des H. gegen ihn hatte ihren Grund wesentlich darin, dass L., der den besten Leumund hatte, um
die Diebstähle und sonstigen schlechten Streiche des H.
wusste und ihm oft darüber Vorhalt machte. L. bereuete
seine That, versicherte, dass er nicht gedacht habe, mit

seiner seit ¹/₂ Jahr geladenen schlechten Pistole so Etwas anrichten zu können; er sei eben im Zorn gewesen, und hätte H. ihn nicht gehöhnt und gesagt, er solle schiessen, so hätte er nicht losgedrückt.

L.'s auffallendes Wesen im Verhör, sein eigenthümlich stierer Blick, machten dem Untersuchungsrichter den Verdacht rege, dass er nicht geistig gesund sei, und führten zu einer gerichtlichen Exploration seines Zustandes.

L., ohne alle erbliche Anlage zu Seelenstörung, war bis zu seinem 21. Jahr ein ruhiger, solider Mensch. Eines Abends wurde er überfallen, mit einem Scheit Holz auf die linke Kopfhälfte geschlagen, so dass er bewusstlos umsank und aus dem linken Ohr Blut ausfloss. Er blutete stark aus einer Wunde, war 9 Tage von Sinnen, delirirte, lag 4 Wochen zu Bett, erholte sich aber ohne ärztliche Hülfe, bis auf ein halbes Jahr lang bestehende Taubheit auf dem linken Ohr. Von dieser Zeit an war er nicht mehr der Alte. Bald schaute er „wie tiefsinnig" Stundenlang vor sich hin, bald war er ausgelassen heiter, wobei er einen auffallend rothen Kopf hatte und sehr reizbar und gesprächig war. 4 Jahre nach der Verletzung heirathete er; die Ehe war keine glückliche. L. wurde auffallend geizig, geldgierig, schlief Nachts schlecht, sang öfters Nachts, wurde immer reizbarer, so dass er schliesslich gar keinen Widerspruch mehr ertragen konnte und gleich zu Thätlichkeiten geneigt war. Er misshandelte seine Frau, später seine Kinder um geringfügiger Dinge willen, schlug sie blutig, eines derselben einmal halb todt, verrichtete manche Geschäfte ganz verkehrt, stierte oft gedankenlos vor sich hin und ergab sich kindischen Spielen, so dass er in der Gemeinde nur den Beinamen „der närrische L." bekam, und Jedermann von der Schwäche seiner Geisteskräfte überzeugt war. Im Gefängniss benahm sich L., nach Aussage der Mitgefangenen, oft ganz kindisch, „wie verrückt", so dass er diesen ganz unheimlich wurde; in den Verhören zeigte er ganz geringe Geisteskräfte, stieren Blick, fehlenden logischen Zu-

sammenhang der Rede, blödes, unmotivirtes Lachen selbst
bei ernsten Dingen, eigenthümliche linkische Zwangsbeweg-
ungen beim Sprechen. Er beharrte auf der kindischen Ent-
schuldigung seiner That, dass er nur geschossen, weil H.
es ihn gebeissen, und dass er nicht gedacht hätte, dass es
los gehen und ihn treffen könne. Seine Reue war eine
oberflächliche, eine rechte Einsicht in die Bedeutung seiner
That fehlte. Die Aussicht auf Strafe, die Untersuchungshaft liess
ihn gleichgiltig. L. war von grosser Statur und schlank.
Der Schädel bot nichts Abnormes, keine Spur eines Trauma.
Der Gesichtsausdruck stumpf, blöde, der Blick umflort, oft
stier. Störungen der Sensibilität, Motilität, der vegetativen
Functionen fanden sich nicht vor.

Die Gutachten der Gerichtsärzte, welche eingeholt wurden, machten geltend, dass L. nach einer Kopfverletzung
schwachsinnig und sehr reizbar geworden, in einem Zustand
des Affekts und fehlender Freiheit der Willensbestimmung
die That vollbracht hatte, worauf L. derselben für schuldlos
erklärt und der Irrenanstalt am 3. März 1851 übergeben
wurde.

Geistige Beschränktheit, Misstrauen, grosse Gemüthsreizbarkeit machten sich hier bald bemerklich. Er verthei-
digte sein früheres kindisches Benehmen, seine Heftigkeit
gegen die Frau, die Tödtung seines Nachbars mit grosser
Beschränktheit und ohne Einsicht in seinen Zustand, drängte
blind fort, zeigte Lebensüberdruss und Nahrungsverweiger-
ung, wenn man ihm nicht sofort nachgab, war allen ver-
nünftigen Vorstellungen unzugänglich und oft sehr gereizt
und verstimmt mit der Ueberzeugung, dass man ihm hier
nur zum Possen lebe, und er eigentlich uns todtschlagen
sollte. Zuweilen folgten diesen schlimmeren Stunden auch
bessere Zeiten, in denen er freundlicher und zugänglich
war. Meist war er aber abstossend und widerstrebend. Motorische Störungen, Hallucinationen kamen nicht zur Beobachtung; zuweilen gab er Kopfweh, Schwindel, Ohrenklingen

an. Der Schlaf, die vegetativen Functionen waren ungestört.
Unter dem Gebrauch lauer Bäder und einer Fontanelle
wurde er nach vielen Schwankungen anhaltend freundlicher,
zugänglicher und kam sogar, so weit es seine Beschränktheit erlaubte, zu einer Einsicht seines früheren Zustandes.
Als dieses gebesserte Befinden sich längere Zeit erhalten
hatte, wurde er im April 1852 nach Hause entlassen. Die
Besserung erhielt sich, doch blieb L. geistig schwach, äusserst reizbar bis zu Gewaltthätigkeiten, misstrauisch und
geizig. —